PRINCIPES

SUR LES MESURES.

PRINCIPES
SUR LES MESURES
EN LONGUEUR ET EN CAPACITÉ,
SUR LES POIDS ET LES MONNOIES;

Dépendans du mouvement des astres principaux, & de la grandeur de la Terre.

Ouvrage propre à réformer ou à rectifier les Poids & les Mesures de la France, & des autres États.

PRÉSENTÉ A L'ASSEMBLÉE NATIONALE.

PAR M. BONNE, ** Ingénieur-Hydrographe de la Marine.

Dieu, par nombre, poids & mesure,
Dispose tout dans la nature.
Sap. Ch. XI. *v.* 21.

Prix 40 sous broché.

A PARIS,

Chez { LAURENS *junior*, Impr.-Libr. rue St. Jacques, vis-à-vis celle des Mathurins, n°. 37.
DESENNE, libraire, au Palais-Royal.
CHABOT, papetier, rue St. Antoine, n°. 295, ou chez l'auteur, même maison.

M. DCC. XC.

PRÉFACE.

L'ORIGINE des mesures & des poids, est aussi ancienne que le monde ; dès que Dieu l'eût créé, l'homme commença à mesurer les longueurs, les capacités, les tems, & à peser les corps qui l'environnoient. La nécessité des mesures, est indispensable dans la société ; l'usage des étalons ou des matrices inaltérables, fut pratiqué dans la plus haute antiquité ; & leur utilité est bien reconnue. Afin de rendre ces étalons durables, ils doivent être d'un métal dur, comme est le bronze ou l'acier : ces matrices conservent, l'égalité d'étendue, des mesures usuelles, & cette égalité doit être surveillée ; dans cette vue, on contrôle ou signe, les mesures étalonnées, destinées à l'usage, & on les vérifie de tems à autres, parce que leur altération, trouble l'ordre social.

Il seroit nécessaire d'avoir, une mesure élémentaire fondamentale : cette mesure doit être une ligne droite, de laquelle dériveroient, celles des surfaces & celles des

solides. Les anciens avoient su fixer, de
telles mesures linéaires, en les faisant dépendre de la nature, qui est constante. La
coudée du nilomètre, est un de ces modules;
il est fondé sur la grandeur exacte, de la
terre; outre le *mekias*, colonne de marbre,
située dans l'isle de Rodda, au milieu du
Nil, colonne qui est divisée en coudées;
cette mesure est 400 fois, dans le côté de
la grande pyramide, laquelle conserve la
coudée du Mekias, depuis plus de 4000 ans.
C'étoit à cet antique module, que les Grecs
& d'autres nations, comparoient leurs mesures; le pied pythique, par exemple, est
les $\frac{4}{9}$, & le pied olympique les $\frac{5}{9}$, de cette
coudée. Il y avoit d'autres prototypes, de
même espéce, à la tour quarrée de Bélus,
laquelle avoit de hauteur & pour chaque
côté de sa base, un stade nautique (*Héro-
dote in Clio*) ou 85 toises & $\frac{23}{40}$; cette
tour, étoit l'observatoire de Babylone; il y
avoit très-probablement, encore ailleurs, de
pareils modules : le pied du stade nautique,
étoit la moitié de la coudée du Nilomètre.
Ce caractère de précision, cette simplicité
de rapports, dans les mesures de longueurs

primitives , se répandoient sur celles de
surfaces & de capacités : les anciens les
avoient, si intimément enchaînées aux premières , qu'une d'entr'elles ne pouvoit exister , sans indiquer les autres. Ce système
métrique linéaire , vrai produit du génie ,
mettoit autant de liaison , entre les mesures
antiques , qu'il y a d'incohérence , dans la
plupart des modernes.

Avant la convention de représenter , les
marchandises par les monnoies, on faisoit
des échanges , pour lesquels il falloit des
poids & des mesures. Les variations qu'ils
ont éprouvées , les abus qui les ont altéré ,
ont plusieurs causes. On va chercher som-
mairement , à découvrir les sources du désordre , & de ses effets généraux ; puis l'on
s'occupera des moyens d'y remédier.

La guerre y a une grande part : souvent
les vaincus adoptèrent , du moins en partie , les loix , les usages , les mœurs & les
mesures des vainqueurs ; & quelquefois les
conquérans les reçurent des vaincus. Les
Romains introduisirent , des coutumes &
usages , qui se sont propagés jusqu'à nous ;
mais quoique les poids & les mesures qu'ils

apporterent, ayent influé sur ceux qu'on
emploie aujourd'hui, cela n'empêche pas
qu'une grande partie des mesures, dont on
se sert en Europe, dans une partie de l'Asie
& de l'Afrique, ne se rapporte spécialement, aux époques de la chûte de l'empire
Romain.

La livre romaine, qui étoit les $\frac{2}{3}$ de notre
livre poids de marc, ou très-peu moins,
fut en usage en France, jusqu'au règne de
Charlemagne : toutes les mesures étoient
égales, dans ce royaume sous ses premiers
rois. Charlemagne établit, de nouveaux
poids & de nouvelles mesures. La livre de
ce prince, étoit de douze onces du poids de
marc ; ces onces se subdivisoient alors
comme aujourd'hui, & cette livre se par-
tageoit aussi, en 20 sous & en 240 deniers :
les sousdivisions, de notre livre idéale ou de
compte, tirent de là leur origine.

Grutter (*Inscrip. antiq.*) a donné la
figure d'un poids de cuivre rond, qui,
selon lui, pese 3 onces & $\frac{5}{6}$, mais qui pro-
bablement doit peser 4 onces: la forme de
ce poids, le rend peu susceptible d'altération, étant moins exposée qu'aucune autre,

à l'action des agens extérieurs ; on lit sur ce poids cette inscription : *Pondus Caroli.* On se servit de la livre de ce prince, jusqu'à Philippe I : le poids de marc s'introduisit sous son règne ; ce marc est les $\frac{2}{3}$ de la livre de Charlemagne.

Mais vers la fin du règne de cet empereur, & sur-tout sous celui de Charles-le-Chauve, cette égalité s'altéra. L'hydre de la féodalité, mit le comble à ce désordre, & fit naître la différence des coutumes, qui de simples usages, admis dans des temps nébuleux, furent depuis érigés en loix. Dans les tems d'anarchie, chaque seigneur devint maître de la contrée, dont il s'étoit emparé, ou qui étoit le fruit de ses services ; il fabriqua dans son domaine des monnoies, des mesures, des poids, & y introduisit des usages, conformes à ses intérêts. Des villes & villages s'affranchirent ; & différentes loix & coutumes, s'y étant introduites, les poids & mesures en firent partie : lorsqu'un endroit se trouva, sous la dépendance de plusieurs maîtres, il y fut établi, plusieurs sortes de poids & de mesures ; de-là viennent tant d'usages ridicules. Les ordonnances de Charles-le-Chauve, contre ces abus, n'eurent pas d'effets sensibles.

Le droit de régler les poids & mesures, appartient à la souveraineté, comme celui de battre monnoie; & il importe que la loyauté, soit réciproque dans les ventes & achats, entre les signes représentatifs & les choses représentées.

Louis Hutin, connoissant les malversations, que les prélats & barons, commettoient dans leurs monnoies, résolut de les priver de ce droit; les intéressés y résistèrent; & ce roi se contenta de prescrire la loi, le poids & la marque de leurs monnoies; mais ces ordonnances furent mal observées, les uns affoiblirent leurs monnoies, & les autres contrefirent celles du roi.

Pour arrêter ce désordre, qui haussoit le prix des denrées, & ruinoit le commerce, Philippe-le-Long fit saisir, avec leurs accessoires, toutes les monnoies, que les prélats & barons fabriquoient, & les envoya à la chambre des comptes, pour en faire l'essai. Il leur défendit d'en frapper de nouvelles, jusqu'à ce qu'il en ait autrement ordonné. Il fit aussi saisir dans toute la Guyenne, les coins & les monnoies, que le roi d'Angleterre y faisoit fabriquer.

Philippe-le-Long, voyant qu'on ne parviendroit pas, à régler exactement les monnoies, tant qu'il y auroit plusieurs seigneurs, qui en fabriqueroient; il leur remboursa ce droit, & le réunit à la couronne. Depuis ce tems-là, il n'y a plus eu en France qu'une monnoie. Les autres mesures y subsistent encore : ce sont des entraves attachées au commerce, par l'ignorance & la barbarie.

On s'est occupé sous le même règne, de cette réforme : on a tenté plusieurs fois, de réduire les mesures au moindre nombre : les imperfections des ordonnances, furent cause qu'elles n'eurent pas de succès. L'ordre étoit de réduire toutes les mesures, à celles de Paris : mais les mesures de la métropole, méritoient-elles cette préférence ? Loin de former un système lié, elles sont presque toutes incohérentes.

Malgré ce défaut, l'uniformité auroit eté préférable, à la confusion qui règne, entre toutes nos mesures ; cela auroit garanti, de bien des tromperies & des lésions : la mort de Philippe-le-Long, empêcha l'exécution de ce projet; mais il aura lieu ; les lumières du siècle, l'occasion favorable, le besoin en sollicitent, & en pressent l'exécution.

Les peuples se sont toujours plaints, des surprises que cette diversité, de mesures & de poids occasionne ; de la pénible étude qu'exige leur recherche ; des calculs & de la perte de tems considérable, que demandent leurs réductions, sans oser toutefois se promettre, de ne pas se méprendre, ou de n'être pas trompé, vu quantité de mesures qu'on ne peut vérifier, & qu'on est obligé d'extraire de divers ouvrages, qui ne sont pas toujours infaillibles : ces inconvéniens sont une endémie, telle que si l'on faisoit la somme, du tems perdu de cette part, on seroit effrayé de l'étendue des ravages, de cette maladie invétérée. Si les mesures étoient les mêmes, dans tout le royaume, le commerce y seroit plus facile & moins frauduleux. Cette réforme contribueroit, à l'économie du tems, & à la prospérité de l'état : on s'empresseroit bientôt de la suivre, en d'autres pays.

Les anciens en divers tems, ont écrit sur cette matière, plutôt pour manifester, la grandeur absolue des mesures, dont ils

avoient

avoient connoissance, que pour les réduire
à l'uniformité, & à leur moindre nombre.
Dans les tems modernes, le mal allant en
s'aggravant, on a cherché une mesure unique ; tantôt en prenant une tierce de degré,
d'un méridien terrestre, (Mouton) ; tantôt
en adoptant le pendule à secondes, (Bouguer) ; ou une de ses parties, (la Condamine) ; tantôt en choisissant le pied d'E-
gypte, qui est la demi-coudée du nilomètre, (Paucton) ; tantôt en préférant, la bil-
lionième partie d'un grand cercle terrestre,
(Collignon)...... ; on a profité de la lecture
réfléchie, des ouvrages de ces auteurs, sans
pouvoir adopter leurs conclusions.

Les mesures ont besoin d'une très-grande
réforme ; on a eu beau raisonner, sur leur
multitude abusive, on n'y a point remédié ;
parce que cette réforme dépend, de l'inter-
vention des loix : tout effort sera inutile en
pareil cas, si la puissance législative, que
nous invoquons, ne l'appuye pas. En s'oc-
cupant de cet objet important, on ne sera
pas à l'abri des contradictions, quoiqu'elles
ne puissent être dirigées, que par des vues
d'un intérêt, chimérique ou injuste ; mais la

logique des passions, vacillant dans ses conséquences, ne l'emportera pas, sur la cons-
tance de la vérité. Presque tous les obstacles,
qu'on pourroit opposer à cette réforme, seroient surmontés par une table du rapport,
des mesures nouvelles aux anciennes; &
les autres difficultés, s'applaniroient sans
beaucoup de peine : d'un autre côté, l'en-
treprise est laborieuse; c'est un champ hé-
rissé d'épines, mais l'on peut le défricher,
& des épines entrelacées de ronces, ne doivent pas rebuter.

Après avoir découvert, la longueur élémentaire & invariable, du pied qui est la
base de cet ouvrage, on en a indiqué des
multiples, relatifs à divers usages, comme
sont les aunes, les brasses, les perches,
&c. On a déduit ensuite, de ce module primitif, les mesures de capacités, comme
l'*amphore*, qui est le cube de ce pied,
d'où l'on a composé la capacité des tonneaux; on a examiné les motifs de leur
forme; on a donné une méthode pour les
jauger, & l'on a dressé une table de leurs
dimensions, laquelle, sans être indiffé-
rente aux autres hommes, peut devenir in-

dispensable pour divers artisans. On a aussi égalé le minot des graines, à la cubature du pied original ; on a donné la forme la plus avantageuse au boisseau ; & pour faciliter la pratique , on a construit une table, des subdivisions du minot.

A l'égard des poids, on a pris pour archetype , une amphore d'eau pure de pluie ; il étoit convenable , & il a paru même nécessaire, que cette solidité contînt, un nombre cube de livres ou *pondes :* on a choisi le nombre 64 ; il n'y en a point de plus commode dans ce cas ; ce nombre fut jugé de même , & employé comme tel , par l'homme de génie, qui sut enrichir le compas de proportion , des lignes qui contiennent les plans & les solides ; il l'a employé dans les plans, parce que 64 est le quarré de 8 , & dans les solides , parce que 64 est le cube de 4. L'once , la drachme, le scrupule........ du ponde, descendent progressivement par 8 , non-seulement parce que dans plusieurs pays, le marc considéré comme un tout , contient 8 onces , l'once 8 gros ou drachmes , &c. Mais , parce que 8 est un cube , & que ses subdivisions , étant des branches d'un même arbre , doivent se ressembler : on a inséré dans cet ouvrage , une table du ponde & de ses parties, exprimées en poids de marc , afin de faciliter la comparaison de ces poids. On a aussi placé dans une table , les dimensions du ponde, & de ses sousdivisions en cubes & en sphères , composés de cuivre de Suède ; puis on en a déduit, d'autres figures de ces poids.

Après cela , **on a uni** intimement , les monnoies aux poids : si l'on suivoit à l'avenir, les principes simples qu'on y établit, on auroit la liaison des monnoies , des poids , des capacités ; tant en graines qu'en liquides , & des longueurs , peut être la plus parfaite qui puisse exister. Enfin , on a examiné & discuté , les qualités que chaque mesure devroit avoir.

L'uniformité dans les poids & mesures, a été réalisée , chez différentes nations. En Angleterre , au commencement du douzième siècle , sous Henri I, tous les poids & mesures furent abrogés , & égalés ensuite à ceux de Londres, excepté deux poids qu'on y a conservé : on ignore pourquoi , savoir

la livre de *Troy* qui est de douze onces , &
la livre *aver-du-poids* qui en a seize ; cette
dernière livre est les $\frac{63}{68}$, de celle de Paris ;
mais l'once aver-du-poids , n'est que les $\frac{31}{34}$,
de celle de Troy : on pouvoit peser toutes
sortes de marchandises , avec un seul poids.
Malgré les imperfections de ces mesures,
la *Grande Charte* a produit cet avantage ,
qu'on peut se livrer au commerce en Angleterre , avec plus de facilité & moins de
risque qu'ailleurs , où ces mesures sont très-
variées. En Danemarck , en Suède, & encore chez d'autres nations , les poids & mesures, ont été réduits à l'uniformité, d'une
manière assez imparfaite, & relative aux lumières de ces tems-là , mais qui montroit
alors dans ces pays, la nécessité de cette réforme : elle est desirée en France depuis
long-tems, par tous ceux qui n'ont point
d'intérêt à y voir, la confusion substituée à
l'ordre.

Il n'y a point de mesures itinéraires fixes,
dans ce royaume ; cela est embarrassant,
sur-tout pour les voyageurs, de même que
le désordre qui règne, entre les autres mesures, parce qu'il y en a une multitude de

toute espèce, tandis qu'il n'en faudroit qu'une de chaque genre : tous les cantons ont les leurs, & semblent, à cet égard, ne pas être de la même nation : ces cantons sont, en quelque sorte, privés par-là, des avantages de la société en général. Cette multiplicité de mesures, est une production, où la raison n'a eu nulle part, ou bien elle auroit été en délire. Combien d'injustices commises à ce sujet ? Ces embarras causent fréquemment, de vives contestations, qui dégénèrent la plupart, en procès ruineux.

La Nation Française, sera bientôt affranchie, de cette quantité d'entraves, d'abus, de tromperies & de désordres, qui dérivent de la variété des mesures : cette réduction, mérite l'attention de tous ceux, qui desirent l'avantage commun : chaque peuple y a intérêt ; si elle est appuyée sur les principes, les plus sûrs & les plus inaltérables, c'est un présent digne d'être offert à toutes les nations.

Qu'il n'y ait par-tout qu'un poids & qu'une mesure, pour chaque genre de choses à évaluer, & qu'ils soient rendus uniformes ; les avantages, pour les hommes de toutes professions, seroient immenses. L'extinction

des abus , qui résultent de leur variété , seroient une des sources , de la félicité publique. On sort du despotisme & de la barbarie , où l'on gémissoit ; on desire en outre,
de voir briser les fers de l'asservissement ,
aux mesures variées. En vue de l'avantage
public , l'assemblée nationale , en décrétera
l'uniformité , & le roi y donnera sa sanction.
Par ce moyen, les représentans de la nation,
travailleront efficacement, au bien général
des peuples , & le prince acquerra de nouveaux droits, à la reconnoissance publique ;
il se couvrira d'une gloire nouvelle , par son
concours à cette sage institution : comme
les Osiris , les Pheidons, il sera immortel,
& toujours cher à la mémoire des peuples ,
qui , en jouissant perpétuellement de ses
bienfaits, ne cesseront de le bénir.

N. B. *Tous les exemplaires de cet ou-vrage, seront signés par l'auteur, pour certifier qu'ils sont les seuls, dignes de confiance; si toutefois il pouvoit y avoir quelqu'avantage, à contrefaire ces prin-cipes.....*

PRINCIPES

PRINCIPES

Sur les Mesures en longueur & en capacité,
sur les Poids & les Monnoies.

PRÉLIMINAIRES.

LE Soleil donna d'abord les jours, aux habitans de la terre; la Lune servit ensuite aux premiers hommes, à régler les mois & l'année lunaire, laquelle est encore en usage dans plusieurs régions. Jules César régla l'année solaire; il la fit de 365 jours & $\frac{1}{4}$; elle étoit trop longue d'environ, la 129e. partie d'un jour. Le pape Grégoire XIII. réforma le Calendrier, l'année solaire Grégorienne, ramène les saisons dans les mêmes mois, & règle, entr'autres objets très-importans, les travaux agraires d'une manière simple.

On est sollicité de recourir aux astres, pour régler aussi les mesures en longueur, & par leur moyen celles de capacité. Les jours, les mois & les années, dont les astres nous ont fait présent, sont des tems, & le tems est un des produisans de l'espace; un

A

autre est la vîtesse. On ne fera pas usage, de la force ou puissance, qui imprima le mouvement aux astres ; cette puissance a pour cause, la volonté de l'Être Suprême ; les deux autres produisans de l'espace, seront suffisans.

La Lune par des liens élastiques, est enchaînée à la Terre, autour de laquelle elle tourne ; la Terre est aussi attachée, par de semblables liens au Soleil, dont la distance varie, de la fin de décembre à la fin de juin, à peu-près dans le rapport, de 117 à 121 ; elle tourne sur elle-même en 24 heures, par rapport au Soleil, & elle fait le tour de son orbite, dans un an.

Les mouvemens des autres planètes, n'ont que des rapports fort éloignés, avec la Terre, spécialement, dans la détermination, d'une mesure linéaire, par des moyens, astronomico-géodésiques : cette mesure, s'il se peut, ne doit pas être fort grande ni très-petite, afin qu'elle soit, d'un usage civil & journalier. Dans cette recherche, il convient de prendre la Terre pour centre.

Mercure, Vénus, Mars, Jupiter, Saturne & Herschel, se meuvent fort irrégulièrement, autour de la Terre ; leurs stations, leurs mouvemens directs & rétrogrades, semblent être une raison d'exclusion ; en outre, l'utilité apparente, du mouvement de ces planètes pour la terre, n'est pas fort sensible ; excepté quelques passages fort rares, de Mercure & de Vénus, au-devant du Soleil ;

excepté les éclipses, des satellites de Jupiter, phénomènes, que les astronomes observateurs mêmes, ne peuvent voir qu'avec de bons télescopes ; excepté cela, l'existence de ces planètes, est presque nulle pour la plûpart des hommes ; ce seroit donc, multiplifier vainement les obstacles, que d'admettre ces planètes, dans cette question ; d'autant plus que la multitude, de tous ces mobiles, rendroit la mesure qu'on en extrairoit, d'une petitesse extrême, & par conséquent inutile.

Mais parmi les astres, la fixité des étoiles, & l'éclat dont brillent plusieurs d'entr'elles, doivent les faire admettre dans cette recherche. Des milliers d'hommes, ne connoissent guères que sur parole, l'existence des autres planètes, excepté Vénus qu'ils prennent pour une étoile, lorsque vers la naissance de l'aurore, ou le soir dans le déclin du crépuscule, elle répand une lumière assez vive, sur la terre ; les autres planètes n'existent pas pour eux ; mais il n'y a point d'homme, qui ne connoisse quelques étoiles, & plusieurs savent même, suivant la saison, conclure de leur position, à-peu-près l'heure durant la nuit.

On ne considérera donc ici, que trois corps, le Soleil, la Lune & une Etoile. On supposera que ces corps, décrivent l'Equateur, par leurs mouvemens diurnes moyens, l'Equateur terrestre recevant leur lumière, sera le *stadium*, sur lequel on supposera,

qu'ils exécutent leurs courses : à chaque révolution, il y aura un instant, où ces cou-
riers agiles enverront, sur chaque point de
l'Équateur terrestre, leur lumière sous la
même incidence, soit perpendiculaire, soit
oblique.

§. I. *Des Mesures en longueur.*

On commencera par s'entretenir, des vîtesses des trois mobiles. Le mois synodique
de la Lune, est de 29 jours 12 heures 44
minutes 3 secondes : durant ce tems, la
Lune, exécute une révolution de moins;
elle en fait, 28+12 h. 44′ 3″. La vîtesse,
en général, étant égale au rapport de l'espace au tems, la vîtesse moyenne de cette
planète, sera de, $\frac{28 \text{ R. } 12 \text{ h. } 44' \; 3''}{29 \text{ J. } 12 \text{ h. } 44' \; 3''}$.

L'année solaire tropique, est plus courte,
que l'année solaire sydérale de, 20′ 25″, 4;
celle-ci est de, 365 J. 6 h. 9′ 14″, 4. Durant
ce tems, l'Étoile fait une révolution de plus,
elle en exécute, 366+6 h. 9′ 14″, 4; ainsi sa
vîtesse moyenne est de, $\frac{366 \text{ R. } 6 \text{ h. } 9' \; 14'' , 4}{365 \text{ J. } 6 \text{ h. } 9' , 14'' , 4}$.

Soit qu'on fasse usage, de l'année solaire
civile, ou de l'année solaire sydérale, qu'on
est obligé d'employer ici, & non l'année
tropique, la vîtesse du Soleil, sera toujours
égale à l'unité; parce qu'il sera dans les
deux cas, autant de révolutions, qu'il y
aura de jours. On va s'occuper maintenant,

de l'expression du tems des trois mobiles.

Le tems est égal au rapport, de l'espace divisé par la vîtesse ; ainsi le tems pour la Lune est de, $\dfrac{29\ \text{J. } 12\ \text{h. } 44'\ 3''}{28\ \text{R. } 12\ \text{h. } 44'\ 3''}$: car en supposant l'espace égal à 1, c'est la ligne équinoctiale terrestre, on a, $\dfrac{29\ \text{J. } 12\ \text{h. } 44'\ 3''}{28\ \text{R. } 12\ \text{h. } 44'\ 3''} = \dfrac{28\ \text{R. } 12\ \text{h } 44',\ 3''}{29\ \text{J. } 12\ \text{h } 44'\ 3''}$. Le tems pour le Soleil, est égal à l'unité ; cela suit de ce que cet astre, employe autant de jours, qu'il fait de révolutions. Le tems pour une Etoile sera de , $\dfrac{365\ \text{J. } 6\ \text{h. } 9'\ 14'',\ 4}{366\ \text{R. } 6\ \text{h. } 9'\ 14',\ 4}$.

Les mobiles décrivant un même espace, savoir l'Equateur terrestre ; les tems seront réciproques aux vîtesses ; ainsi on aura la proportion, à six termes, suivante. La vîtesse de la Lune, est à celle du Soleil, est à celle de l'Etoile ; comme le tems de l'Etoile, est au tems du Soleil, est à celui de la Lune. Pour abréger, on fera, $28\ \text{R. } 12\ \text{h}\ldots = a$; $29\ \text{J. } 12\ \text{h}\ldots = b$; $365\ \text{J. } 6\ \text{h}\ldots = c$ & $366\ \text{R. } 6\ \text{h}\ldots = d$; en conséquence, l'énoncé ci-dessus deviendra, $\dfrac{a}{b} : \dfrac{1}{1} : \dfrac{d}{c} :: \dfrac{c}{d} : \dfrac{1}{1} : \dfrac{b}{a}$. Multipliant les trois antécédents, par le produit bc ; de leurs dénominateurs, & les trois conséquents aussi, par le produit ad, de leurs dénominateurs, il viendra $ac : bc : bd :: ac : ad : bd$. Dans laquelle, le produit des extrêmes *abcd*, est évidemment égal, à celui de deux autres termes, également éloigné des extrêmes.

Ce produit est égal à, $(28 \text{ R. } 12 \text{ h. } 44' 3'') \times (29 \text{ J. } 12 \text{ h. } 44' 3'') \times (365 \text{ J. } 6 \text{ h. } 9' 14'', 4) \times (366 \text{ R. } 6 \text{ h. } 9' 14'', 4) = 112710916 \frac{71}{131}$: il renferme les mesures élémentaires, qui sont contenues dans l'Equateur terrestre, dont la circonférence est de, 20576424 Toises, ou de, 123458544 pieds : donc cette mesure est de $\frac{123458544 \text{ P.}}{112710917} = 1$ Pied 1 pouce 1 ligne 8 points $\frac{55}{71}$. On a augmenté le diviseur de, $\frac{60}{131}$ de l'unité, afin qu'il soit un nombre entier ; on pourroit le faire varier de, 59543 unités, sans que le quotient fût altéré, de plus d'un seul point ; ou bien on pourroit faire varier, le dividende de, 65226 Pieds, si l'on vouloit produire le même effet, sur ce quotient, qu'on nommera PIED EQUATORIAL. Mais ces altérations sont impossibles : le dividende doit être exact ; car il est le résultat de la combinaison de tous les degrés, qu'on a mesurés en divers pays : quant au diviseur, on a exposé les élémens précis, qui l'ont produit.

Cela montre combien, cette mesure doit être exacte, puisqu'on ne peut la diminuer, ni l'augmenter sensiblement, qu'en faisant varier les données, d'une quantité incomparablement plus grande, que celles dont elles peuvent être susceptibles. Surquoi on pourra remarquer, que pour réformer le Calendrier, on n'a fait usage, que des mouvemens moyens, du Soleil & de la Lune; tandis que pour fixer la longueur du Pied Equatorial, au lieu de deux mobiles, on en a employé trois, & l'on ne pouvoit pas en employer davantage.

Ce Pied est celui de Macédoine, ceux d'Urbino & de Pesaro; ce Pied est la demi-arschine de Russie, laquelle est à très-peu près, de 14 pouces anglais; ainsi le Pied de Londres, doit être les $\frac{6}{7}$ du Pied Equatorial, qui sont de 11 P. 3 lig. 2 pts., 4, mesure de Paris; le Pied anglais est plus court que cette quantité, seulement d'un point: le Pied Equatorial, est la demi-Guese royale de Perse; c'est le Pied de Bassano, & le demi-Pic de Constantinople : les trois quarts ou le palme de ce Pied, est le Pied de Revel, & les $\frac{1}{2}$, ou la coudée du Pied Equatorial, est l'aune de la même ville; ce Pied est celui de Philétère; car Héron le Mécanicien, (*in Isagoge*) laisse voir, que 5 Pieds Philétéréens ou Royaux, sont égaux à 6 Pieds Italiques (ou Romains): ce Pied est égal à ceux de Cracovie, de Varsovie & de Bordeaux pour l'arpentage; c'est à fort peu-près, l'ancien pied de Dôle ou de Franche-Comté, & celui du Maine-Perche; c'est à fort peu-près aussi, le quart de l'aune de Laval, & exactement, le cinquième de la Canne de Toulouse, de celle de Montauban, & celui de la verge de Nozai, en Bretagne.

Cette aune ou verge, composée de 5 Pieds Equatoriaux, est l'*Hexapoda* des Romains; elle est en usage dans la basse Hongrie, en Morlaquie, en Croatie, dans la Sclavonie, & même dans la partie Sud-Ouest, de la Transylvanie, où la Roue est de 25 de ces Pieds, & la brasse de cinq des mêmes Pieds. Dans la haute Hongrie, vers les limites de la Pologne & de la Moldavie, la Roue y est, de 24 Pieds Equatoriaux, & la Toise y est de 6 des mêmes Pieds, c'est la Saschine de Russie : mais dans quelques comtés près des Monts Crapaks, la Roue y est de 30 de ces Pieds, & la brasse y est de 6 Pieds dans les uns, & dans les autres de 5 des mêmes Pieds, comme à Toulouse, à Montauban & à Nozai.

La Perche légale de France, est en usage en Normandie, dans le Berri, au pays Chartrain; c'est la verge de la principauté de Raucourt, la corde de Marchenoir en Dunois, &c. Cette Perche à 22 Pieds de Roi de long, c'est 24 Pieds Romains, ou 20 Pieds Equatoriaux; car ils valent, 21 P. 10 p. 10 lig. 7 pts., 5, du Pied de Roi actuel; & pour qu'ils en valussent 22, il faudroit que le Pied de Roi, diminuât fort peu, & qu'il fût de, 11 p. 11 lig. 4 pts., 7. Cette Perche légale est donc équivalente, à quatre Cannes de Toulouse, de Montauban & de Nozai, elle est aussi de 6 aunes de Paris.

On n'a pas prétendu faire, une énumération complette, des empires, royaumes, provinces,

vinces, villes, &c, où l'on se sert du Pied Equatorial ; on a seulement eu intention, de montrer que cette mesure très-ancienne, est d'un usage fort étendu : que ce Pied s'est transmis par tradition, à travers les siècles, sans en connoître la précision : la trace de son origine, s'étoit perdue dans la nuit des tems ; on rétablit ici sans altération, ses titres primordiaux.

Un mérite de cette solution, est sa simplicité, laquelle étoit très-accessible, au calcul naissant, & sur-tout au génie des anciens, qui est bien préférable, à des règles de calcul perfectionnées : cela fait croire, que la connoissance de cette mesure, vraiment originale, est antérieure, à celle de la coudée du Mekias, qui très-probablement en a été déduite.

La coudée du Nilomètre, dont nous avons une copie exacte, à 1 P. 8 p. 6 lig. 5 pts. $\frac{6}{13}$. Greaves l'a trouvée (*Pyramidograp in-8°. London* 1646) de 1 P., 824 anglais ; la nôtre suppose ce Pied de, 11 p. 3 lig. $\frac{2}{17}$ de Paris, ce qui est à très-peu près sa vraie longueur. Le rapport qui règne, entre le Pied Equatorial, & la coudée du Nilomètre, est celui de 16 à 25. Ce rapport étant exprimé, par des nombres quarrés, ces deux mesures peuvent être des pendules, faciles à comparer. Afin de découvrir en combien de tems, ils feroient leurs vibrations, on observera que le Pied Equatorial, doit sa longueur à celle, de la ligne équinoxiale ter-

B

restre ; ainsi il convient de comparer ce Pied, au pendule équatorial.

Le pendule à secondes sous ce cercle, est de, 439 lig. & $\frac{2}{13}$; le Pied Equatorial est de, 157 lig. $\frac{128}{175}$; les racines quarrées de ces pendules, sont entr'elles, comme 1500 est à 899 ; or la première de ces racines, répond à 60′′′ ; ainsi la seconde répondra, à $\frac{899 \times 60}{1500} = 35′′′$ & $\frac{24}{25}$: donc le Pied Equatorial est, à très-peu près, le pendule de 36′′′. Ce Pied étant à la coudée du Nilomètre, comme 16 est 25, les racines quarrées de ces mesures, sont entr'elles comme 4 est à 5 ; par conséquent la coudée du Nilomètre est le pendule de, 35′′′, 96 × $\frac{5}{4} = 44′′′$, 95 ; donc la coudée du Nilomètre, transportée sous l'Equateur, sera à fort peu près, le pendule de 45′′′.

Cette coudée, en fraction décimale de la Toise, est de, 0 T., 285248877 ; cette coudée est d'ailleurs 200000 fois, dans le degré moyen du Méridien ; ainsi ce degré est par-là de, 57049 T. 4 P. 7 p. $\frac{5}{6}$. Cette même coudée, étant au Pied Equatorial, comme 25 est à 16 : & la coudée étant 200000 fois, dans le degré moyen de latitude ; le Pied Equatorial y sera, $\frac{200000 \times 25}{16} = 312500$ fois. Ce Pied est dans le degré de l'Equateur, $\frac{112710917}{360} = 313085$ fois & $\frac{51}{58}$; celui-ci, est au degré moyen du méridien, comme 6947 est à 6934 ; comme la circonférence de l'Equateur, est à celle du Méridien.

On supposera que la terre, est un sphéroïde elliptique, cela posé : nommant ∂ la différence, du diamètre de l'Equateur, à l'axe de la Terre ; les travaux de nos Géomètres, les Maupertuis, les Clairaut, les Bouguer, les Boscowich, &c., nous dispensant de toute recherche à cet égard, on aura, la circonférence de l'Equateur, $= 6947 = 1 + 2\partial$: celle du Méridien, $= 6934 = 1 + \dfrac{3\partial}{2}$; leur différence est de, $13 = \dfrac{\partial}{2}$; en conséquence, $26 = \partial$; $52 = 2\partial$ & $78 = 3\partial$.

De la première équation on tire, $6947 - 2\partial = 1$; substituant au lieu de 2∂, sa valeur 52, il vient, $6895 = 1$. Le premier degré du Méridien, est au dernier $\because 1 : 1 + 3\partial$: mettant au lieu de 1 & de 3∂, leurs valeurs, 6895 & 78, ces degrés sont entr'eux $\therefore 6895 : 6973$. Mais l'axe de la terre, est au diamètre de son Equateur $\therefore 1 : 1 + \partial$ $\therefore 6895 : 6921$: en divisant chaque terme, de cette derniére raison, par $26 = \partial$, on aura finalement, l'axe de la Terre, est au diamètre de son Equateur $\therefore 265 \frac{5}{26} : 266 \frac{5}{26}$. Voilà le rapport, des dimensions de la Terre, suivant ces mesures antiques.

Voici présentement, les sous-divisions de ce Pied important, premièrement en doigts & en tiers de doigts, secondement en pouces & en quarts de pouces, rapportés au Pied de Paris.

Doigts.	Pouces.	p.	lig.	pts.	10^s	Parties du Pied Equator.
			du Pied de Roi.			
1/3	1/4	0	03	03,	4	$\frac{1}{48}$
2/3	1/2	0	06	06,	9	$\frac{1}{24}$
1 Doigt.	3/4	0	09	10,	3	$\frac{1}{16}$
1/3	1 Pouce.	1	01	01,	8	$\frac{1}{12}$
2/3	1/4	1	04	05,	2	$\frac{5}{48}$
2 D.	1/2	1	07	08,	6	$\frac{1}{8}$
1/3	3/4	1	11	00,	0	$\frac{7}{48}$
2/3	2 P.	2	02	03,	5	$\frac{1}{6}$
3 D.	1/4	2	05	06,	9	$\frac{3}{16}$
1/3	1/2	2	08	10,	3	$\frac{5}{24}$
2/3	3/4	3	00	01,	8	$\frac{11}{48}$
4 D.	3 P.	3	03	05,	2	$\frac{1}{4}$
1/3	1/4	3	06	08,	6	$\frac{13}{48}$
2/3	1/2	3	10	00,	1	$\frac{7}{24}$
5 D.	3/4	4	01	03,	5	$\frac{5}{16}$
1/3	4 P.	4	04	06,	9	$\frac{1}{3}$
2/3	1/4	4	07	10,	4	$\frac{17}{48}$
6 D.	1/2	4	11	01,	8	$\frac{3}{8}$
1/3	3/4	5	02	05,	2	$\frac{19}{48}$
2/3	5 P.	5	05	08,	7	$\frac{5}{12}$
7 D.	1/4	5	09	00,	1	$\frac{7}{16}$
1/3	1/2	6	00	03,	5	$\frac{11}{24}$
2/3	3/4	6	03	07,	0	$\frac{23}{48}$
8 D.	6 P.	6	06	10,	4	$\frac{1}{2}$
1/3	1/4	6	10	01,	8	$\frac{25}{48}$
2/3	1/2	7	01	05,	3	$\frac{13}{24}$
9 D.	3/4	7	04	08,	7	$\frac{9}{16}$

Doigts.	Pouces.	p.	lig.	pts.	10^8. du Pied de Roi.	Parties du Pied Equator.
1/3	7 P	7	08	00	, 1	7/12
2/3	1/4	7	11	03	, 6	29/48
10 D	1/2	8	02	07	, 0	5/8
1/3	3/4	8	05	10	, 4	31/48
2/3	8 P	8	09	01	, 8	2/3
11 D	1/4	9	00	05	, 3	11/16
1/3	1/2	9	03	08	, 7	17/24
2/3	3/4	9	07	00	, 1	35/48
12 D	9 P	9	10	03	, 6	3/4
1/3	1/4	10	01	07	, 0	37/48
2/3	1/2	10	04	10	, 4	19/24
13 D	3/4	10	08	01	, 9	13/16
1/3	10 P	10	11	05	, 3	5/6
2/3	1/4	11	02	08	, 7	41/48
14 D	1/2	11	06	00	, 2	7/8
1/3	3/4	11	09	03	, 6	43/48
2/3	11 P	12	00	07	, 0	11/12
15 D	1/4	12	03	10	, 5	15/16
1/3	1/2	12	07	01	, 9	23/24
2/3	3/4	12	10	05	, 3	47/48
16 D	12 P	13	01	08	, 8	1

Ce Pied étant divisé, en 16 doigts & en 12 pouces, le plus petit multiple de ces deux nombres, est 48 ; c'est pourquoi on n'a mis dans cette table, que les 48emes de ce Pied, ou les tiers de doigts & les quarts de pouces. On pourra aisément rendre, les subdivisions de ce Pied, trois fois plus nombreuses.

Ce qu'il y a de plus remarquable, dans cette table, c'est d'y voir l'ancien Pied Romain, exactement de 10 pouces, du Pied Equatorial, comme le dit Héron, & que le palme actuel, des architectes de Rome, y est de 10 doigts de ce Pied. Ce palme est celui de Possidonius, dans sa seconde mesure de la terre, & 8 de ces palmes, composent la Canne de Toulouse. Ce n'est pas la seule en France qui ait des palmes, pans ou empans remarquables ; au bas Languedoc, en Dauphiné, en Provence & dans le Comtat d'Avignon, la canne y est, en général, d'1 aune & $\frac{2}{3}$ de Paris ; telle est celle de Marseille, pour les soieries, telle est la canne d'Avignon ; de Montpellier, de Sommières, d'Uzès & d'Anduze, le 8e de cette canne ou le palme, est les $\frac{5}{24}$ de l'aune de Paris, c'est précisément le Pied Pythique, lequel est les $\frac{25}{36}$ du Pied Equatorial ; ensorte que si ce dernier, est le pendule Equinoxial, des $\frac{4}{5}$ d'une seconde, le premier y est celui d'une demi-seconde. A Beziers ce palme y est très-peu plus long, c'est le pendule à demi - secondes, convenable à la latitude moyenne de la France, (le comte de Mirabeau, Journal de Provence, N°. 141). A Marseille, la canne pour les draps, est plus longue que celle pour la soie, d'environ $\frac{1}{14}$. Si néanmoins le Pied de cette ville, qui est aussi celui de Montpellier, étoit le palme de la canne, ce palme est celui du Pied Albion d'Antonin, il est au Pied Pythique, comme

81 à 80 ; alors la canne vaudroit, 1 aune & $\frac{11}{16}$ de Paris. En Dauphiné, à Nismes, à Toulon...... la canne y paroît composée de palmes, dont chacun est fort peu plus court, que le Pied Pythique ; mais retournons à notre mesure fondamentale.

On a formé de cet étalon primitif, des mesures usuelles plus grandes ; on en a indiqué quelques-unes, telles que sont des aunes, des cannes, des toises & des perches. On peut choisir les plus commodes, parmi ces mesures. De plus, l'aune de Bayonne, a 2 Pieds & demi Equatoriaux ; elle a une longueur très-commode, elle est moitié de la stature humaine : celle de 3 de ces Pieds, seroit aussi fort convenable ; c'est à fort peu-près l'aune de Lausanne. Celle qui auroit 3 & $\frac{1}{3}$ de ces Pieds, seroit encore d'un emploi facile ; telle est l'aune de Paris ; celle qui auroit, 2 Pieds & demi Equatoriaux, seroit telle que dans l'usage, des deux bras tendus, l'un seroit perpendiculaire à l'autre ; plus longue, elle deviendroit incommode ; néanmoins l'aune de Laval, est à fort peu-près, de 4 de ces Pieds ; la canne de Toulouse, celle de Montauban & la verge de Nozai, ont 5 de ces Pieds ; cette canne est une brasse, & l'on ne peut guères auner seul, que par demi-canne : à Montpellier, la canne pour les draps, est fort peu moindre que 6 Pieds Equatoriaux, c'est une Orgie ou Toise ; elle est aussi d'un usage incommode, par sa longueur, comme celle de Toulouse.

Mais celle-ci semble devoir être admise ; pour brasse unique ; elle est de 5 Pieds Equatoriáux, lesquels valent 6 Pieds Romains antiques, ou l'hexapode de ce peuple célèbre. Cette brasse qui a, 5 Pieds 5 pouces 8 lignes 7 points & $\frac{7}{8}$ de long, mesure de Paris, est exactement, de 62500, au degré moyen du Méridien : notre lieue commune de 25 au degré, contiendroit 2500 de ces Brasses, au lieu de 2282 Toises ; la lieue marine de France & d'Angleterre, en renfermeroit 3125, au lieu de, 2852T. $\frac{1}{2}$; la lieue des provinces méridionales, du royaume, de 18 $\frac{3}{4}$ au degré, ou de 4 Milles Romains, auroit 3333 $\frac{1}{3}$, de ces Brasses, au lieu de 3042T. $\frac{2}{3}$.....

La demi-Brasse, devroit être l'aune Française ; le pied élémentaire de cette Brasse, est appuyé, sur des fondemens inébranlables ; le rapport de cette Brasse à la Toise, est exactement celui de, 13011 à 14254, ou à très-peu près celui de, 963 à 1055, ou fort peu moins exactement celui de 21 à 23.

Le Pied de Roi actuel, n'est fondé sur aucun principe ; c'est le produit du hasard, plutôt que de la réflexion : il seroit donc à propos de supprimer ce Pied, avec plus de vingt autres qui ont encore lieu en France ; de manière qu'à cet égard, on croiroit que ce sont des pays, dominés par différens souverains : en leur substituant, le Pied Equatorial, qui est inaltérable ; on feroit succéder, un ordre constant & simple, au désordre

dre & à la confusion de ces mesures; toutes les provinces du Royaume, seroient à cet égard, considérées alors, comme parties intégrantes d'un même tout.

Il y a encore plus d'embarras, pour les aunes; il y en a bien en France, un tiers de plus que de Pieds, & il y a peu d'aunes, qui soient fondées en raison. A cette multitude d'aunes, on devroit leur en substituer une seule; on inclineroit pour la Brasse ci-dessus, qui est la canne de Toulouse & de Montauban, si elle n'étoit pas trop étendue, pour servir d'aune; celle de Paris est un peu trop longue, pour cet usage; elle est de 3 Pieds $\frac{1}{3}$ Equatoriaux: si on la supprimoit, on pourroit la diminuer d'un quart, & lui substituer avec avantage, la demi-Brasse, elle est de 2 & $\frac{1}{2}$ des Pieds précédens, ou de 3 Pieds Romains; entre toutes les aunes, la plus convenable est donc celle de Bayonne.

A l'égard des mesures, relatives à l'arpentage, les plus petites gaules en France, sont aux plus grandes cordes, chaînes ou perches, comme 2 est à 7. Dans l'intention de resserrer ces écarts, on a combiné toutes les perches, qu'on a pu rassembler, & la moitié de leur somme commune, s'est trouvée de, 17 P. 2 p. du Pied de Roi, & pour la moitié, de leur différence commune, on a trouvé, 5 P. 11 p. du même Pied.

Pour arriver à cette fin, on a partagé ces

perches en deux séries , d'un égal nombre de termes ; la première contenoit les plus grandes perches , & conséquemment l'autre , renfermoit les moindres ; on a réuni les plus grandes de la première suite , avec les moindres de l'autre , afin d'avoir des sommes plus égales , & la moitié de la somme moyenne , a été préférée. On a aussi ôté , des plus grandes perches de la première suite , les plus grandes de la seconde , afin d'obtenir des différences plus égales ; la moitié de celle qui tenoit le milieu , a été choisie ; cette demi-somme & cette demi-différence , fournissent 11 P. 3p. pour la moindre , & 23 P. 1p. pour la plus grande ; cela donneroit pour la moindre , à fort peu-près , 2 Brasses Equatoriales ; pour la moyenne 3 $\frac{1}{2}$ des mêmes Brasses , & pour la plus grande 4 Brasses $\frac{1}{7}$.

La perche légale de France , sert surtout & a servi , pour arpenter les bois du Roi , dans tout le Royaume ; puisqu'elle contient 4 de ces Brasses , & qu'elle est renfermée , dans les limites rapprochées précédentes , elle paroît devoir être préférée à toute autre ; vu que les plus longues perches , dans ce Royaume , ont jusqu'à 24 Pieds Equatoriaux ; & même il y a des roues en Hongrie , qui s'étendent jusqu'à 6 de ces Brasses.

Les anciens , se servoient fréquemment de roues , pour mesurer les distances ; à leur exemple Fernel , médecin de Henri II, employà les tours de roues de sa voiture.

pour mesurer un arc du Méridien, au Nord
de Paris ; il trouva toutes réductions faites,
que le degré de ce cercle étoit de, 56746
Toises ; mais la Toise en 1668, fut raccour-
cie de 5 lignes (*anc. Mem. de l'Ac. Tom.
VI*) ; elle étoit donc avant ce tems, les $\frac{862}{864}$,
de ce qu'elle est aujourd'hui ; ainsi le degré
de Fernel, mesuré avec la Toise actuelle,
auroit été de, $\frac{56746 \times 869}{864} = 57074$ T.,4, tel
qu'on l'a trouvé de nos jours, par des me-
sures répétées, avec toute la précision que
comportent, la Géodésie & l'Astronomie,
actuellement perfectionnées. On ne pouvoit
pas s'attendre, qu'une telle exactitude,
suivroit des procédés, qu'a employé ce célèbre Médecin.

Ayant exposé des moyens sûrs & inva-
riables, de réformer & de simplifier, les
mesures en longueur de France, & d'autres
pays, on va s'occuper, desmesures de capacité, en les enchainant aux premières.

§ II. *Des Mesures de capacité, tant pour*
les grains, & autres substances sèches,
que pour les liquides.

Le Pied Equatorial ayant de long, 13
pouces 1 ligne 8 points $\frac{51}{71}$, du Pied de Roi,
son cube est de $2270 + \frac{24}{25}$, pouces cubes du
même Pied. A l'imitation des anciens, ce
sera le *Médimne* ou le Minot des graines.
Ce Minot contient, 47 Pintes & $\frac{5}{16}$, mesure

de Paris, ou 3 Boisseaux & $\frac{6}{11}$, de cette ville: ce Minot peseroit en eau pure, $91\,\text{\pounds} + \frac{41}{45}$, poids de Marc; & en froment il peseroit, $70\,\text{\pounds} + \frac{21}{22}$, du même poids ou à fort peu-près; parce que les pésanteurs spécifiques, de l'eau & du froment, sont entr'elles, environ comme 35 est à 27.

On a indiqué le poids de cette mesure, en eau pure de pluie, à 10 degrés & $\frac{1}{4}$, du thermomètre de Réaumur, qui étant au Mercure, contient 85 degrés, entre la glace & l'eau bouillante. Ce liquide est préférable à tout autre; parce qu'il se trouve par-tout, & qu'il est un des plus homogènes qu'il y ait: d'ailleurs l'eau est très-peu dilatable, à la chaleur indiquée, vers les $\frac{3}{25}$ de la colonne, du thermomètre de Mercure, en commençant au terme de la glace fondante. De plus, les expériences exactes, qu'on a employé, pour fixer cet élément fondamental, ont été réduites, à la hauteur moyenne du Baromètre, de 2 Pieds & $\frac{10}{29}$, qu'il a sur le bord de la mer, à 45 degrés de latitude, & à la température, que l'on vient d'indiquer; ce qui rend constante, la pesanteur spécifique de l'air, laquelle est dans ce cas, $\frac{1}{782}$, de celle de l'eau; on n'a point fait ici d'autre usage, de la pesanteur spécifique, de ce fluide.

Huit fois le Pied cube Equatorial, sera le Tonneau, pour les vins & liqueurs; il sera égal en capacité, à un cube, qui auroit deux Pieds Equatoriaux, pour chacun de ces produisans. Ce tonneau pesera en eau pure, à très-peu-près, 735 £ $\frac{2}{3}$, & il contiendra, 378 Pintes $\frac{1}{2}$ de Paris ; c'est à fort peu-près, la queue de Champagne, le muid de Cornat & de Saint-Peray, en Vivarais ; c'est aussi celui de l'Hermitage.

Le muid de Paris est pareillement, de 8 Pieds cubes de Roi : cela seroit très-bien, si ce Pied étoit fondé en raison. Le muid de Paris, est plus petit que le tonneau dont il s'agit, dans la raison de, 331 à 435, qui est celle du Pied cube de Roi, au Pied cube Equatorial.

Ce tonneau étant rempli de froment, en contiendroit environ, 567 £ $\frac{1}{2}$. On pourra le subdiviser, en demis, tiers, quarts, sixièmes & en huitièmes : un de ces huitièmes, est la metrète génératrice, d'où l'on est parti.

La forme d'un tonneau seroit à-peu-près, celle du cylindre circonscrit à la sphère, si l'on n'avoit égard, qu'à la moindre quantité de bois, qu'il faut pour le construire ; mais les endroits les plus foibles de ces vaisseaux, sont les fonds ; quoiqu'on les *barre* ou fortifie, c'est ordinairement par-là qu'ils manquent : c'est pourquoi l'expérience a obligé, de diminuer les fonds, en allongeant les tonneaux. Pour accorder la solidité avec l'économie, l'axe ou la longueur d'un tonneau étant, de 24 parties intérieurement, les diamètres des fonds sont chacun de 16, & celui du bondon de 18 ; ensorte que la longueur, est au diamètre de l'un des fonds, comme 3 est à 2, & que cette longueur, est au diamètre du bondon, comme 4 est 3. La courbure des douves sur leur longueur est, généralement, celle de la parabole.

Qu'un rectangle $ABCD$ (*fig.* 1) ait sa base AB de 24, sa hauteur AD, de 8. Soit de plus, le segment parabolique $DCFG$, dont l'ordonnée $DF = 12$, & l'abscisse $FG = 1$. Si cette figure, fait une révolution sur sa base ou axe AB, le rectangle $ABCD$, formera dans ce mouvement un cylindre, & le segment $CDFG$, engendrera un anneau parabolique.

Soit l'axe $AB = h$, le rayon $AD = \frac{d}{2}$, & la flèche $FG = c$. La solidité du cylindre sera de, $\frac{355h}{113} \times \frac{dd}{4}$. La surface du segment parabolique est de $\frac{2hc}{3}$; son centre de gravité, est aux $\frac{3}{5}$ de GF, en partant du sommet G de la courbe; ou aux $\frac{2}{5}$ de FG, en comptant depuis l'ordonnée DFC; ainsi le rayon du cercle, que décrit le centre de gravité, est $\frac{d}{2} + \frac{2c}{5}$, ou bien le diamètre de ce cercle est, $d + \frac{4c}{5}$, & la circonférence ou le chemin décrit, par le centre de gravité, est de, $\frac{355}{113} \times \left(\frac{5d + 4c}{5} \right)$: multipliant ce chemin, par la surface, $\frac{2hc}{3}$, on aura, suivant la régle de Guldin, $\frac{355h}{113} \times \left(\frac{10dc + 8cc}{15} \right)$, pour

la solidité, de l'anneau parabolique, lequel étant réuni, avec la capacité du cylindre, donnent pour celle du tonneau,
$$\frac{355h}{113} \times \left(\frac{dd}{4} + \frac{10de+8ee}{15} \right).$$

La solidité du cylindre, est à celle de l'anneau, comme $\frac{355h}{113} \times \frac{dd}{4}$, est à $\frac{355h}{113} \times \left(\frac{10de+8ee}{15} \right)$; en divisant chaque terme de ce rapport, par $\frac{355h}{113}$, il sera $:: \frac{dd}{4} : \frac{10de+8ee}{15}$; & en faisant évanouir les fractions, il deviendra $:: 15dd : 40de+32ee$. Dans le modèle dont on s'occupe, $d = 16$ & $e = 1$, substituant ces valeurs, dans la dernière raison, elle deviendra celle de, 3840 à 672, ou celle de 40 à 7 : donc dans ce modèle, la capacité du cylindre, est à celle de l'anneau parabolique, comme 40 est à 7.

On aura la capacité du modèle, de $5669 + \frac{18}{19}$, ou de 5670, en nombre entier; soit qu'on employe la formule totale, ou que l'on cherche d'abord, celle du cylindre qui est de, $4825 + \frac{55}{113}$, à laquelle on ajoutera celle de l'anneau, $\frac{\left(4825 + \frac{55}{113} \right) \times 7}{40} = 844 + \frac{52}{113}$.

Pour obtenir la longueur du tonneau, qui a 8 Pieds cubes Equatoriaux, de capacité, on fera cette proportion arithmétique; le tiers, 1,2511930, du logarithme de la solidité du modèle, c'est le logarithme de la racine cubique, de cette solidité, est au tiers, 1,4197665, du logarithme de la capacité du tonneau, laquelle est de, $(2270\frac{24}{25}) \times 8 = 18167\frac{17}{25}$, pouces cubes du Pied de Roi, comme le logarithme, 2,3802112, de la longueur du modèle, est à celui de la longueur du tonneau, que l'on trouvera de, 1,5487847, lequel répond dans les tables à, 35p,3822 = 35 pouces 4 lignes 7 points ; cette longueur h, donne le diamètre du *bouge*, qui est $\frac{3h}{4}$; elle donne aussi celui des fonds, dont chacun est $\frac{2h}{3}$.

Pour avoir la longueur du demi-tonneau, ou de la barrique ; au logarithme, 1,5487847, de la longueur du tonneau, on ajoutera le tiers, 9,8996567, du logarithme d'$\frac{1}{2}$, & l'on aura, 1,4484414, qui répond à, 28 p. 0 lig. 11 pts.,9. Pareillement, pour connoître la longueur de la feuillette, qui est le tiers du tonneau, au logarithme de la longueur du tonneau, on ajoutera le tiers, 9,8409596 du logarithme d'$\frac{1}{3}$, & l'on trouvera celui qui répond à, 24 p. 6 lig. 4 pts.,7. C'est d'après ce procédé, qu'on a dressé la table suivante ; elle pourra en général, devenir utile à chacun, & en particulier aux tonneliers.

TABLE

TABLE *des dimensions du Tonneau & de ses subdivisions, exprimées en parties du Pied de Roi.*

Parties du Tonneau.		Longueur.	Diamètres au Bondon.	Diamètres des fonds.
		p. lig. pts.	p. lig. pts.	p. lig. pts.
TONNEAU. . . .	1	35 04 07,0	26 06 05,3	23 07 00,7
Barrique, . . .	$\frac{1}{2}$	28 00 11,9	21 00 08,9	18 08 08,0
Feuillette. . . .	$\frac{1}{3}$	24 06 04,7	18 04 09,5	16 04 03,1
Quarteau. . . .	$\frac{1}{4}$	22 03 05,7	16 08 07,3	14 10 03,8
Setier.	$\frac{1}{6}$	19 05 07,9	14 07 02,9	12 11 09,3
AMPHORE. . .	$\frac{1}{8}$	17 08 03,5	13 03 02,6	11 09 06,3
Baril.	$\frac{1}{12}$	15 05 05,5	11 07 01,1	10 03 07,6
Hemine. . . .	$\frac{1}{16}$	14 00 06,0	10 06 04,5	9 04 04,0
Tertiaire. . .	$\frac{1}{24}$	12 03 02,4	9 02 04,3	8 02 01,6
Quartaire. . .	$\frac{1}{32}$	11 01 08,8	8 04 03,6	7 05 01,9
Sextant. . . .	$\frac{1}{48}$	9 08 10,0	7 03 07,4	6 05 10,6
VELTE. . . .	$\frac{1}{64}$	8 10 01,8	6 07 07,3	5 10 09,2
Gallon, . . .	$\frac{1}{96}$	7 08 08,7	5 09 06,5	5 01 09,8
Pot ou Bocal. .	$\frac{1}{128}$	7 00 03,0	5 03 02,2	4 08 02,0

On a fait usage du Pied de Roi, dans cette table, & l'on s'en servira aussi dans les suivantes : on a été tenté, d'y employer le Pied Equatorial ; mais l'on a cru devoir attendre, vu que ces tables elles-mêmes, sont anticipées. C'est même ce qui a empêché, d'en insérer quelques autres, qui

D

pourroient devenir très-utiles, dans la pratique des arts mécaniques, relatifs à la fabrication, des mesures de divers genres. On a aussi usé par nécessité, dans cette table, de quelques dénominations, qui ne sont point reçues ; elles désignent les parties de l'amphore ; si l'on en trouve de plus convenables, on les substituera avec raison à celles que l'on a employé.

Le Pied cube Equatorial, qui est le Minot des graines, est la mesure de Verdun ; c'est le *Büshel Watermeasure* d'Angleterre ; c'est aussi le *Wiertel* d'Arnstadt en Turinge : la mesure de Besançon, est la moitié de ce Minot, lequel se sousdivisera, comme le tonneau, en demis, tiers, quarts, sixièmes & en huitièmes. Un de ces huitièmes, sera la Quarte ou le quart du boisseau ; cette quarte pese en eau pure, 11 ℔ $\frac{45}{91}$, poids de marc, & en froment 8 ℔ $\frac{13}{15}$, ou environ ; ainsi la moitié du Minot des grains, sera le boisseau, parcequ'il tient un milieu, entre toutes les mesures de cette espèce, qui sont répandues en France en fort grand nombre ; ce boisseau est à fort peu - près, la mesure de Besançon, comme on l'a dit ; il pese en eau pure, 45 ℔ $+ \frac{44}{45}$, & en froment, 35 ℔ $+ \frac{21}{24}$.

Le boisseau de Paris, a un grand défaut de convenance, avec le pied de cette ville, lequel est de 1728 pouces cubes ; il devroit être le Minot de cette capitale. Le pere Mersenne, vers 1640 (*Parisienses mensuræ*), trouva que le Boisseau de cette ville étoit, de 535 pouces cubes & $\frac{4}{9}$, alors le Pied cube de Paris, contenoit 3 boisseaux & $\frac{5}{22}$ de cette ville. Par l'ordonnance de Louis XIV, en 1669, il est enjoint, de renfermer le comble dans le boisseau, & de ne plus mesurer les grains que rade ; en effet, le comble n'est pas une mesure fixe : ce boisseau ainsi augmenté à, 644 pouces cubes & $\frac{2}{3}$; il est cylindrique & à 10 pouces, pour le diamètre intérieur de sa base, & 8 p. 2 lig. 6 pts. de hauteur : le Pied cube renferme, 2 & $\frac{17}{25}$ de ces boisseaux. Par une ordonnance de 1727, le boisseau pour l'étape des troupes, qui est celui de Paris, est un prisme quadrangulaire, qui a 8 pouces, pour chaque côté de sa base, & 10 pouces de hauteur, il a 640 pouces cubes, & pese 20 $\mathcal{L}$ de froment ; en ce cas, le Pied cube contient, 2 & $\frac{7}{10}$ de ces boisseaux. On voit dans le Calendrier de la Cour, que ce boisseau contient, 661 pouces cubes & $\frac{2}{3}$, & dans les tables portatives de logarithmes, par M. Callet, il est marqué de, 661 pouces cubes & $\frac{71}{100}$; selon ces deux indications, le Pied cube de Paris, contiendroit 2 boisseaux & $\frac{11}{18}$.

Trois boisseaux font le Minot de cette ville ; & ce Minot devroit égaler, le Pied cube de Roi ; pour lors le boisseau seroit, de, 576 pouces cubes, & ne peseroit que

PRINCIPES

18 ℔ de froment, au lieu qu'il en pese 20.
Ce boisseau renfermeroit, 12 pintes de Paris,
supposée, de 48 pouces cubes chacune ; tandis que le boisseau actuel, contient 13 &
$\frac{1}{3}$ des mêmes pintes, en le supposant de
640 pouces cubes.

La quarte dont on a parlé ci-dessus, se
divisera aussi, en demies, tiers, quarts,
sixièmes & en huitièmes. Le huitième de
cette quarte, qui est la 64e. partie, du prototype des graines est, d'1 ℔ $\frac{41}{95}$ d'eau pure,
ou d'1 ℔ $\frac{2}{85}$ de froment ; c'est l'écuelle ou le
litron.

La figure la plus usitée, pour la mesure
des grains, est la cylindrique ; elle se dérobe en quelque sorte, par sa rondeur, aux
frottemens & aux chocs accidentels, elle y
sera le moins exposée possible, si avec une
capacité fixe, elle a la moindre surface
qu'on puisse lui donner. On trouve par la
méthode, de *maximis & minimis*, que la
solidité étant donnée ; la surface convexe
d'un cylindre, plus l'une de ses bases, est
la moindre qu'elle puisse être, lorsqu'intérieurement le diamètre de sa base, est double
de sa hauteur.

En effet, soit x (*fig.* 2), le diamètre de
la base du cylindre, & y sa hauteur, que
le rapport, du diamètre à la circonférence,
soit celui de 7 à 22. La surface de la base
du boisseau, sera de $\frac{11xx}{14}$, & sa surface

convexe, de $\frac{44xy}{14}$; ainsi, toute la surface intérieure du boisseau sera de, $\frac{11xx + 44xy}{14}$: sa différentielle est, $xdx + 2xdy + 2ydx = 0$; on l'égale à zero, parce que la surface est un *minimum*, & l'on en tire, $dy = \frac{-xdx - 2ydx}{2x}$.

La solidité du cylindre est de, $\frac{11xxy}{14}$: sa différentielle est de, $xxdy + 2xydx = 0$; on l'égale à zéro, parceque la solidité est constante : substituant dans cette dernière, la valeur de dy, qu'on a eu ci-dessus, il viendra, $\frac{-x^3dx - 2x^2ydx}{2x} + 2xydx = 0$; divisant tous les termes par xdx, on aura, $\frac{-x^2 - 2xy}{2x} + 2y = 0$; faisant disparoître la fraction & réduisant, il vient $-x + 2y = 0$, ou $2y = x$, qui donne $y = \frac{x}{2}$: cela montre que la hauteur, est égale au rayon de la base.

Ces dimensions qui réunissent, la solidité à l'économie, sont en usage en plusieurs lieux : on ne pouvoit mieux faire, que de s'y conformer dans la table suivante, qui pourra devenir, indispensable aux boisseliers, sans être inutile à chaque particulier.

Table des dimensions du Minot & de ses subdivisions.

Parties du Minot.		Diamètres en parties du Pied de Roi.			Capacités en pouces cubes
		p.	lig.	pts	
MINOT. . . .	1	17	11	04,7	2271
Boisseau. . . .	1/2	14	02	11,5	1135 1/2
	1/3	12	05	04,1	757
Demi-Boisseau.	1/4	11	03	08,3	567 3/4
	1/6	9	10	05,3	378 1/2
QUARTE. . .	1/8	8	11	08,4	283 7/8
	1/12	7	10	01,0	189 1/4
Demi-quarte...	1/16	7	01	05,7	141 15/16
	1/24	6	02	08,1	94 5/8
Double-Litron.	1/32	5	07	10,1	71
	1/48	4	11	02,7	47 5/16
LITRON. . . .	1/64	4	05	10,4	35 1/2
	1/96	3	11	00,5	23 2/3
Demi-Litron...	1/128	3	06	08,9	17 3/4
	1/192	3	01	04,0	11 5/6
Quart de Litron	1/256	2	09	11,1	8 7/8
	1/384	2	05	17,3	5 11/12

Les hauteurs sont chacune moitié, des diamètres correspondants.

Pour avoir ces diamètres, on a supposé un cylindre, semblable aux proposés ; ce cylindre a, 226 pouces de diamètre, 113 pouces de hauteur &, 4532995, pouces cubes de solidité : la capacité du Médimne ou du Minot, est de, 2270 pouces cubes & $\frac{24}{27}$; or les racines cubiques, de ces capaci-

tés, sont entr'elles comme leurs côtes homologues. Le tiers du logarithme de la première, est de, 2,2187947, & celui de la
seconde est de, 1,1187365; ces tiers, sont
les logarithmes des racines cubiques, de ces
solidités : le logarithme du diamètre, 226
du modèle est de, 2,3541084 : l'ajoutant
avec le second, & retranchant le premier
de leur somme, le reste, 2,2540502, est
le logarithme, du diamètre cherché du Minot; il répond à 17 p. 11 lig. 4 pts.,7.

Afin d'avoir, le diamètre du demi-Mi-
not, qui est le boisseau : de 2,2540502,
logarithme du diamètre du Médimne, on
ôtera le tiers, 0,1003433, du logarithme
de 2, & l'on aura le reste, 1,1537068, c'est
le logarithme du diamètre du boisseau; ce
logarithme répond à, 14 p. 2 lig. 11 pts.,5.
Pareillement, pour obtenir celui du tiers
de Minot; du logarithme du diamètre de
ce Minot, on ôtera le tiers, 0,1590404, du
logarithme de 3; le reste, 1,0950097, répond à, 12 p. 5 lig. 4 pts.,1. Afin de trouver le diamètre, du quart de Minot, c'est
le demi-boisseau; du logarithme du diamètre, de ce Médimne ou Minot, on sous-
traira le tiers, du logarithme de 4, & il
restera, 1,0533634, qui répond à 11 p.
3 lig. 8 pts.,3. Les diamètres, de 1, $\frac{1}{2}$, $\frac{1}{3}$, $\frac{1}{4}$,
&c, du Minot, donnent respectivement les
diamètres, de $\frac{1}{8}$, $\frac{1}{16}$, $\frac{1}{24}$, $\frac{1}{32}$, &c, du Minot;
ceux-ci étant la moitié de ceux-là.

On a mis dans la table précédente, les

divisions par tiers, sixièmes, douzièmes, &c, de minot; principalement, parce que si la réforme projettée, des mesures a lieu, plusieurs Cartels & Bichets de France, s'y rapporteront, & si les arrières divisions de la table, par demies, quarts, huitièmes, &c, eussent dû se continuer, celles par tiers, sixièmes, douzièmes, &c, n'auroient pas été si utiles; mais quoique les graines, soient des denrées très-nécessaires; elles ne sont pas les plus chères; de-là vient qu'on n'y employe pas, de fort petites mesures.

Le Pied cube Equatorial, sera aussi l'archetype des liquides; il a déjà servi, à composer le tonneau : ce Pied sera la Métrète ou l'*Amphore*, laquelle se sousdivisera, comme le Médimne : le huitième de cette Amphore, sera la Velte; laquelle se subdivisera, comme ci-dessus. Le huitième de la Velte, pésera en eau pure, 1 ℔ $\frac{41}{95}$, poids de marc; ce sera la chopine, dont le double qui pésera en eau pure, 2 ℔ $\frac{11}{13}$ sera la pinte, laquelle n'aura sans doute la préférence, que parce qu'elle tient un milieu, entre toutes les mesures, de même dénomination, qui sont en usage dans le Royaume; sans cette considération, on se seroit arrêté à la chopine; elle contient 35 pouces cubes & $\frac{15}{31}$ du Pied de Roi; c'est les trois quarts de la pinte de Paris; c'est aussi à fort peu près la feuillete ou le demi-pot de Montpellier. Cette mesure est plus grande que celle qui convenoit au sobre Empereur Auguste; lorsqu'il lorsqu'il vouloit prendre du vin jusqu'à la gaité, il n'en buvoit point au rapport de Suétone, au-delà d'un sextier : c'étoit la 48eme partie de l'Amphore Romaine, ou les $\frac{17}{22}$ de la chopine dont on s'occupe ; ou s'il excédoit cette quantité, il en étoit incommodé : ce sextier contenoit 27 pouces cubes & $\frac{11}{29}$, du Pied de Roi ; la chopine de Paris n'en contient que 24 ; ainsi le sextier Romain, étoit à la chopine de Paris, comme 8 est à 7 ; & quoique l'excellent vin de Falerne, soit plus spiritueux, que nos vins ordinaires de France, Suétone n'en prouve pas moins, la tempérance d'Auguste.

On a employé le nombre huit, pour multiplicateur ou pour diviseur, parce qu'il est le plus simple des cubes, après l'unité ; & pour ne pas interrompre l'ordre, des subdivisions précédentes, on les a étendues de suite, jusqu'aux 64es : on auroit dû sans cela, diviser l'archetype par le cube 27, & le quotient auroit été, le cube de 4 pouces de côté, ou de 64 pouces cubes, du Pied Equatorial, qui répondent à, $\frac{2271\,p^3}{27} = 84\,p^3$ $\frac{1}{2}$, du Pied de Roi ; comme mesure de liquides, c'est une pinte & $\frac{3}{4}$ de Paris ; c'est aussi le *Schenk-maas* de Zurich, cette mesure pese en eau pure, 3 ℔ & $\frac{54}{103}$. Il viendroit ensuite, la division du type, en 64 parties égales ; mais elle est ci-dessus. En divisant ce type, par le cube 125, on auroit un cube de, $\frac{12\,p.}{5} = 2\,p.$ & $\frac{2}{5}$, du Pied Equatorial de

côté, ou de 18 pouces cubes & $\frac{1}{6}$, du Pied
de Roi ; ce sont les $\frac{14}{37}$ dela pinte de Paris, &
environ la moitié du *Noessel* de Stettin :
c'est aussi la truchette de Montpellier. Cette
mesure pese en eau pure, $\frac{167}{227}$, de la livre,
ou 11 onces 6 gros $\frac{1}{6}$, poids de marc ; c'est
la *Lira* de Bologne. Vient ensuite, la division du prototype, par le cube 216, le quotient est le cube de 2 pouces, ce qui produit 8 pouces cubes, du Pied Equatorial,
qui équivalent, à 10 pouces cubes & $\frac{37}{72}$, du
Pied de Roi ; cela revient, aux $\frac{7}{12}$ de la
pinte de Paris, au tiers de l'*Enghistera* de
Venise, & pese en eau pure, les $\frac{43}{101}$ de la
livre, ou 6 onces 6 gros $\frac{1}{2}$: c'est la demi-
livre de Riga ; c'est aussi la 125ᵉ partie, du
Pied cube Romain en eau pure.

On n'est guères habitué en pareil cas, de
diviser une metrète par 27, & surtout par
125, ou par de plus grands cubes ; il convient d'employer, pour l'usage journalier,
un moindre nombre, & dont s'il se peut,
les sousdivisions soient déjà admises, dans
la société, tel est 64 ; c'est un terme de la
progression double, il est quarré, & ce qui
est essentiel, à un prototype solide, ce
nombre est cube ; il n'y en a point de plus
convenable.

Si l'on vouloit étayer davantage, cette as-
sertion ; que le cube d'un Pied soit nommé
k^3 ; le cube d'un cinquième de Pied, ou celui
de 3 doigts plus $\frac{1}{5}$, est $\frac{k^3}{125}$; mais les parties
du Pied, ordinairement reçues, ne sont pas

divisibles par 5 : ainsi il paroît que son cube 125, ne doit pas être en usage, aussi n'est-il pas familier : le cube d'un septième de Pied, ou de 2 doigts plus $\frac{2}{7}$, est $\frac{k^3}{343}$; or les parties ordinaires du Pied, n'admettent pas 7 parmi leurs diviseurs ; il paroît donc qu'on ne doit pas non plus, diviser la métrète en 343 parties, ou que cela ne doit pas être ordinaire. Les instituteurs des mesures, ont subordonné, les sousdivisions des archetypes, à l'intelligence commune : 64 n'est pas trop grand pour nous ; mais 8, le moindre des cubes après l'unité, seroit accablant, pour les habitans des bords de l'Amazône, puisque M. de la Condamine assûre, qu'ils ne savent compter que jusqu'à trois. D'ailleurs le Pied est de 16 doigts ; le cube de 16 est de 4096, c'est aussi le quarré de 64 : par conséquent la chopine contient, 64 doigts cubes, du Pied Equatorial ; nombre de parties très-convénable, & qui donnera, à chaque arrière-division usitée, de la chopine, un nombre entier de doigts cubes.

On ne donnera point les dimensions, des mesures inférieures des liqueurs ; l'irrégularité de leurs formes, en est cause : on dira seulement, que le pot ou bocal contient, 141 pouces cubes & $\frac{20}{31}$, du Pied de Roi ; que la pinte en renferme $70+\frac{10}{31}$, que la chopine en contient, $35+\frac{15}{31}$; que la demi-chopine en renferme, $17+\frac{23}{31}$; que le quart en a, $8+\frac{27}{31}$; que la potion en contient, $4+\frac{10}{23}$;

que la ciathe en renferme, $2+\frac{5}{23}$, & que la roquille, en contient $1+\frac{5}{46}$.

§. III. *Des Poids.*

Le Pied cube Equatorial, pese exactement en eau pure, 91 ℔ 15 onces 2 gros & $\frac{5}{16}$, poids de marc. Prenant la 64ᵉ partie de ce poids, on aura, 1 ℔ 6 onc. 7 gros & $\frac{41}{47}$, pour la livre nouvelle ou le *Ponde*, nom qui vient du latin *Pondo*, poids d'une livre ; ce Ponde est à fort peu-près, de deux marcs des états de Suède ; il est à la livre poids de marc, comme 1622 est à 1133, ou fort peu moins exactement, comme 136 est à 95, ou environ, comme 10 est à 7. On trouvera sans doute ce Ponde fort gros : la livre la plus pésante en France, est au Maine, celle de Lassay & de Mayenne ; elle n'a que 18 onces, & non 23 comme le Ponde : mais sans aller fort loin, la *Lira grossa* de Bergame, la *Libra grossa* de Milan, & le *Rotolo* foible de Malthe, sont de 24 ou 25 onces poids de marc ; le Rotolo fort de Naples, ceux de même qualité, de Sicile & de Malte, sont de 28 à 29 de ces onces : & si l'on se transportoit jusqu'en Asie, on verroit que le Rotolo de Damas, est de 54 onces $\frac{1}{8}$, poids de Paris, & que celui d'Alep est de, 65 onces $\frac{4}{7}$, du même poids. Ce Ponde, la 64ᵉ partie du poids en eau pure, du Pied cube Equatorial, est égal au cube d'eau de la *paleste* ou *palmus*, de 3 pouces

ou 4 doigts, ou du quart du Pied Equatorial : le cube de ce petit palme, est de même
le litron des graines, la chopine des liquides : la longueur de ce palme se voit (*fig.*
5), aussi exactement qu'on a pu la rendre,
ayant eu égard au raccourcissement du pa-
pier, après l'impression.

Il y a très-peu de prototypes, qui pesent
en eau pure, un nombre cube de livres des
pays, pour lesquels ces types furent établis ; par exemple, 80 ℔ anciennes de Rome,
pésoient autant qu'un Pied cube Romain,
rempli de vin ; (Festus, *Publica pondera*) ;
75 ℔ modernes de Rome, répondent à un
Pied cube Romain d'eau du Tibre ; la *Can-*
tara ou *arrobe* de Tolède, doit péser en eau
du Tage, 34 ℔ de Castille ; en Danemark,
le *Pund* est la 52ᵉ partie, du poids en eau
du Pied cube Danois. Cela suit de ce que
les poids d'un pays, viennent souvent d'un
prototype étranger ; par exemple, le Pied
Pythique qui est, les $\frac{15}{16}$ du Pied Equatorial,
contient 760 pouces cubes & $\frac{37}{50}$, du Pied
de Roi, ce cube en eau pure pese, 61 marcs
4 onces 5 gros & $\frac{2}{10}$ de Paris ; divisant ce
poids par 64, le quotient sera, 7 onces 5
gros $\frac{3}{5}$ = 4435 grains ; le marc qui en appro-
che le plus, est celui de Copenhague, pour
les matières précieuses. Le Marc de cette
ville est à fort peu près, le 64ᵉ du Pied cube
Pythique ; mais ce Pied n'est pas celui de
cette ville, comme on pourroit le penser ;
le Pied de Copenhague est celui du Rhin ;

le premier est, les $\frac{17}{47}$ du second. Les mesures de capacités du Danemark, ne sont guères plus cohérentes.

Le Pied cube d'Egypte renferme, 1082 & $\frac{7}{8}$, pouces cubes de Paris, & il pese en eau pure, 43 ℔ 13 onc. 4 gros $\frac{6}{11}$, poids de marc; les divisant par 64 il viendra, 10 onc. 7 gros $\frac{52}{56}$; c'est la petite mine attique ancienne : c'est la livre de Suède, du poids de 96 ducats; c'est aussi le poids léger de Lucques pour la soie : en Suède le Pied Romain, y est la mesure des longueurs; à Lucques, le Pied y est double de celui des Romains; c'est l'aune de cette ville, pour les étoffes de laine. Les poids dans ces états, paroissent donc venir du Pied Egyptien, tandis que les longueurs s'y évaluent, en Pieds Grecs ou Romains; mais les capacités, ne semblent pas dépendre de ces Pieds.

Le Pied cube Romain renferme, 1314 & $\frac{7}{53}$, pouces cubes de Paris; ce *Quadrantal* étant rempli d'eau pure, pese 53 ℔ $\frac{8}{17}$, poids de marc, en les divisant par 64, il viendra pour quotient, 13 onc. 2 gros $\frac{16}{17}$ de Paris; c'est la livre d'Avignon, de Montpellier, de Petersbourg, de Warsovie, &c. Le Pied d'Avignon, est les $\frac{21}{23}$ du Pied Romain; celui de Montpellier, est à fort peu-près le Pied Pythique; celui de Petersbourg, est les $\frac{14}{12}$ du Pied Grec, & celui de Warsovie, est le Pied Equatorial; ainsi chacune de ces villes a pour livre, la 64ᵉ partie de l'Amphore Romaine, remplie d'eau pure, & aucune ne conserve le Pied dont leur livre dépend. A Montpellier le tonneau contient, 27 Pieds cubes de cette ville, & 27 est le cube de 3 ; ce tonneau renferme 9 setiers, chacun de 3 de ces Pieds ; la composition de ce tonneau, est un emploi judicieux & réfléchi, de la Géométrie.

Le Pied cube Grec contient, $1485\frac{1}{2}$ pouces de Roi ; ce Pied pese en eau pure, $60\pounds$ & $\frac{7}{46}$, poids de marc ; divisant ce poids par 64 on trouve, 15 onc. 0 gros $\frac{7}{23}$; c'est la livre d'Amiens, de Bois-le-Duc, de Bruges, de Bruxelles, de Leyde, de Lille poids pésant, de Lyon pour la soie, de Nanci, de S. Gall, d'Espagne & de Portugal, &c. On employe à Bruges un palme, qui est moindre d'1 ligne 4 points, que celui des Grecs ; & à Leyde le Pied du Rhin, y est plus grand que celui des Grecs, de 2 lignes 3 points. Le Pied Rhinlandique est celui de Danemark ; la 64ᵉ partie, du Pied cube Pythique d'eau pure, ou le Marc de Copenhague, pour les matières précieuses, est égale à la 125ᵉ partie, du Pied cube Grec en eau. Dans les Pays-Bas qui furent aux Espagnols, & dans toute l'Espagne, on fait usage du Pied d'Egypte ; le palme de Lisbonne, est les $\frac{11}{14}$ du Pied Pythique : le Pied de Lyon, est les $\frac{8}{5}$ du même Pied : celui de Lorraine, est les $\frac{6}{7}$ du Pied Breton d'Antonin, lequel est de, $333333\frac{1}{3}$, au degré ; ainsi le Pied de Lorraine est de, 10 pouces 6 lignes 9 points de Paris.

Aucun des états ni des villes où cette livre, la 64ᵉ partie, du Pied Grec ou Olympique en eau, est en usage, ne conserve exactement le Pied Grec, qui en est l'origine, & les mesures de capacités, s'accordent encore moins avec ce Pied cube. Il suit de-là principalement, qu'à l'égard des mesures solides, c'est une espèce de paralogisme, que le type n'en soit pas exprimé, par un nombre cube de livres, de la substance qui a servi à le former, soit eau, huile, mercure, argent, or, &c, & encore que le cube 64, est le plus commode en pareil cas, & que c'est celui, dont on a usé le plus fréquemment.

Des savans desireroient qu'on divisât, tout ce qui peut être considéré comme unité, d'abord en 10 parties égales, chacune de ces parties en 10 autres, & ainsi de suite ; qu'on préférât en conséquence, le calcul par les parties décimales, comme étant plus simple & plus commode, vu qu'on y employe, la même progression décuple, que dans les nombres entiers : mais l'exposant 10 de cette progression, n'est guères riche en aliquotes; la progression duodécuple, eût sans doute beaucoup mieux convenu, 12 ayant plus d'aliquotes que 10 ; de - là vient en partie, que le calcul par les décimales, est en général moins exact, que celui qui s'exécute, par les fractions ordinaires. Il y a nombre de ces fractions, qui étant réduites à leurs moindres termes, ne peuvent s'exprimer, que par des périodes

des infinies de décimales : car 10 n'ayant
pour diviseurs primitifs que 2 & 5 , tout dénominateur , qui aura pour ses facteurs primitifs , d'autres nombres que 2 & 5 , pris con-
jointement ou séparément , & chacun autant de fois qu'on le voudra , ne pourra s'exprimer en décimales , avec exactitude : ainsi
toute fraction , qui aura pour dénominateur
2 ; 2 × 2 ou 4 ; 2 × 2 × 2 ou 8 ; 2 × 5 ou 10 ;
2 × 2 × 2 × 2 ou 16 ; 2 × 2 × 5 ou 20 ; 5 × 5
ou 25..... pourra s'énoncer , exactement en
décimales ; mais celles qui auroient pour
dénominateurs 3 , 7 , 11 , 13 , 17 , 19, 23....
& tous leurs multiples , c'est la suite des
nombres premiers , dont on a ôté 2 & 5 ,
ces fractions , disons-nous , étant réduites à
leurs moindres termes , ne pourront s'exprimer , précisément en décimales. Ainsi
$\frac{7}{16}$=0,4375 juste : mais $\frac{4}{7}$=0,571428 $\frac{4}{7}$, ou
bien elle est égale a , 0,571428571428 $\frac{4}{7}$, &
ainsi de suite à l'infini.

De plus lorsqu'il s'agit de surfaces semblables, comme elles suivent le rapport des quarrés de leurs lignes homologues, pourquoi entre 1 & 10 , ne peut-on pas énoncer , avec précision en décimales , une fraction qui auroit
pour dénominateur, le quarré 9 ? Et entre 10
& 100, les quarrés 36, 49 & 81 ? Est-on assez
riche en ce genre, pour se permettre de tels
sacrifices ? En outre lorsqu'il s'agit de solides
semblables, comme doivent être , les mesures de capacités de même espèce , les
poids & les monnoies , ils suivent la raison

F

des cubes, de leurs lignes homologues ; pourquoi donc entre 10 & 1000, ne peut-on pas énoncer exactement, une fraction en décimales, dont le dénominateur seroit, un des cubes 27, 216, 343 ou 729 ? Ainsi il doit être libre, d'employer tout nombre, pour dénominateur d'une fraction, & sur-tout de ne retrancher de ces nombres, ni quarré ni cube, lesquels sont enchaînés spéciale- ment, par la nature, aux plans & aux so- lides semblables. Ne craignons pas que le calcul arithmétique, soit trop parfait ; crai- gnons plutôt en le limitant, de nous ap- pauvrir.

Dans l'usage des décimales, toute circon- férence étant égale à l'unité, le tour de l'horison, seroit d'abord divisé en 10 par- ties ; ainsi la boussole auroit 10 aires de vent : deux des pointes opposées de la rose des vents, marqueroient l'une le Nord & l'autre le Sud ; mais aucune ne marqueroit l'Est ni l'Ouest ; cette boussole n'indique- roit donc, que deux des quatre points car- dinaux, autrement il faudroit la diviser en 100 pointes, encore ne montreroit-elle alors, aucun des quatre points collateraux, ou bien il faudroit la diviser en 1000. Dans les livres saints, chez les Grecs & les Latins, & encore au tems de Charlemagne, on comptoit ordinairement, 8 aires de vent, savoir les points cardinaux & les collaté- raux : Aristote & Pline en marquoient 12, ils divisoient en trois, chaque quart de cer-

cle , compris entre les points cardinaux ;
excepté ces quatre derniers, les autres aires
de vent , ne peuvent s'y exprimer exactement, en décimales. Vitruve en désignoit
24, dans le contour de l'horison , parmi
lesquels on ne peut exprimer , précisément
en décimales, que les vents cardinaux &
collatéraux ; & les modernes y en comptent
32, qui pour être énoncés en décimales ,
veulent que le tour de l'horison , soit divisé
en 100000 parties ; tandis que la division
de ce cercle , en 96 parties, convenoit également, soit qu'on desirât 8 , 12 , 24 ou 32
aires de vent , dans la boussole. Le Méridien seroit donc aussi, divisé en 10 parties ;
le quart de cercle , qui se trouve naturelle-
ment, entre la ligne équinoxiale & l'un des
pôles , contiendroit 2 & $\frac{1}{2}$ de ces parties ; ce
nombre mixte n'est pas commode.

Il est facile , d'inscrire géométriquement
dans un cercle , un quarré , un pentagone
& un exagone ; ces polygones diviseroient
aisément, la circonférence en 60 parties égales ; car nommant c la circonférence ; l'arc
soutenu par le côté du pentagone , est $\frac{c}{5}$;
celui qui est soutendu, par le côté de l'exagone , est $\frac{c}{6}$; & celui qui est soutenu par le
côté du quarré , est $\frac{c}{4}$: or $\frac{c}{4} + \frac{c}{6} - \frac{2c}{5}$
$$= \frac{15c + 10c - 24c}{60} = \frac{c}{60} : \text{pareillement } \frac{3c}{5} + \frac{c}{6} - \frac{3c}{4}$$

$$= \frac{36c + 10c - 45c}{60} = \frac{c}{60}$$; le décagone & le pentadécagone, qu'on peut de même, inscrire
géométriquement dans le cercle, n'augmen-
teroient pas ces 60 divisions : par exemple,
nommant l'arc du décagone $\frac{c}{10}$ & celui du
pentadécagone $\frac{c}{15}$; on aura $\frac{4c}{15} - \frac{c}{4} = \frac{16c - 15c}{60}$
$= \frac{c}{60}$: de même $\frac{7c}{10} + \frac{c}{15} - \frac{3c}{4} = \frac{42c + 4c - 45c}{60}$
$= \frac{c}{60}$. Cela vient de ce que 60, est également
le moindre multiple, des côtés 4 , 5 & 6 des
premiers polygones, & celui des premiers
joints aux seconds 10 , 15 ; mais 60 ne se
trouve point parmi les décimales; parce qu'il
a 3 , pour un de ses produisans primitifs,
& que la série des décimales n'admet point
ce nombre.

L'anneau du jour, seroit aussi divisé en
10 heures ; s'il y avoit 0 heure à minuit, il
y auroit 5 heures à midi; & lors des équinoxes, le lever du soleil seroit à 2 h. $\frac{1}{2}$, &
son coucher à 7 h. $\frac{1}{2}$; ces deux points remarquables , devroient être indiqués en
heures entières, & non en nombres frac-
tionnaires.

L'Ecliptique indique le commencement,
des quatre saisons de l'année, aux points
des solstices & des équinoxes ; les décimales
donneroient comme ci-dessus, 2 parties $\frac{1}{2}$
pour chaque saison : néanmoins y ayant 12
Lunes & $\frac{629}{1708}$ par an, de-là est venu, mal-

gré l'excès de 10 jours & $\frac{7}{8}$; la division du Zodiaque en douze signes , & celle de l'année en douze mois : de plus le mois synodique lunaire , étant de 29 jours 12 heures 44 minutes , & le mois solaire moyen , de 30 J. 10 h. 30′ ; le milieu entre ces deux espèces de mois , est de 29 J. 23 h. 37′ , pour lequel on a compté 30 jours par mois , ou 30 degrés par signe ; de-là vient la division du cercle , en 360 degrés ; si les élémens qu'on y a employés , ne sont pas précis , ils montrent du moins , que pour les obtenir , on a consulté la nature , plûtôt que l'imagination ; & quoique cette division , soit défectueuse dans sés principes , on ne doit pas lui en substituer une , qui manque de plusieurs diviseurs très-simples , comme 5 , 6.... &c , qui seroient fort commodes.

L'imperfection du calcul , par les fractions décimales , n'empêche pas qu'il ne soit commode & utile , d'avoir des tables , qui contiennent les parties décimales , des sous-espèces de nos différentes mesures , afin de faciliter le calcul par ces fractions , dans les cas les plus ordinaires , & où il n'est pas nécessaire , d'atteindre à une précision rigoureuse.

On a vu qu'on divise aisément , la circonférence en 60 parties égales : c'est sans doute par cette même connoissance , que les Indiens divisent le cercle diurne , en 60 *Guedies* , ce nombre ainsi trouvé , a dû faire naître en Asie , le calcul sexagésimal , que

les Astronomes Européens ont adopté. Mais
dès qu'on divise géométriquement, la circonférence en 4, on la divisera par la bissec-
tion, en 8, 16, 32, 64...... dès qu'on peut
la partager en 5, on la divisera en 10, 20,
40, 80...... dès qu'on la coupe en 6 on la
divisera, en 12, 24, 48, 96..... dès qu'on
sait la partager en 10, on la divisera en 20,
40, 80, 160..... & dès qu'on la coupe en
15, on la divisera en 30, 60, 120, 240.....
par cette considération, on pourra multiplier, les 60 divisions primitives, par un des
termes de la progression double ÷ 2 : 4 :
8 : 16 : 32, &c.

Mais doit-on exclusivement avoir égard,
à la circonférence du cercle & oublier son
rayon, lequel paroît devoir être un nombre
entier ? D'ailleurs il est nécessaire, dans la
détermination, des sections de la circonférence, de considérer les circonstances les
plus apparentes, du mouvement des astres
principaux. En donnant les années & les
jours, ils doivent en offrir les divisions les
plus convenables, par la diversité de leurs
mouvemens : mais entrer dans cette digres-
sion, pour établir que, ni 86400" de tems
dans un jour, ni 1296000" de degré, dans
la circonférence, ne sont point du nombre
des divisions, que peuvent offrir les astres ;
ce seroit trop s'écarter de notre objet.

Il suit de ce qui précéde, qu'on ne doit
pas admettre de sous-divisions, peu naturelles & moins commodes, que celles qui

sont en usage : qu'il peut être avantageux de suivre , en diverses occasions , d'autres progressions que la décuple. Dans le pied & l'aune par exemple , on procède d'un côté par 12ᵉˢ, & de l'autre par 16ᵉˢ ; il seroit très-difficile de choisir, pour la mesure des longueurs , des divisions plus analogues , aux besoins de la société ; aussi tous les Pieds de l'antiquité , portent-ils ces divisions ; excepté le *Che* ou Pied Chinois qui, il y a 3000 ans, contenoit 8 *Cun* ou doigts, mais qui aujourd'hui en renferme 10. Sans énumérer les cas, on dira qu'à l'égard des corps semblables, comme sont les mesures de capacité, les poids , les monnoies...... l'exposant de la progression , devroit être un cube, tel que peut être 8.

Il est naturel de subdiviser d'abord , le Ponde en 8 onces ; celui-là étant octuple de celui-ci ; le Ponde étant d'un métal & d'une figure quelconque, l'once doit être , une figure semblable à celle du Ponde ; car différens poids, sont des individus de la même famille ; l'once aura ses dimensions homologues, chacune plus petite de moitié , que celle du Ponde ; parceque la racine cubique de 8 , est double de celle de l'unité. Par la même raison , l'once sera divisée en 8 drachmes ; la drachme en 8 scrupules ; celui-ci en 8 deniers & le denier en 8 ass.

Nos prédécesseurs, n'ont pas pris le nombre 8 au hasard ; outre qu'il est cube , c'est un terme de la progression sous - double

÷ 8 : 4 : 2 : 1, dont la propriété très-connue, est de pouvoir avec ces quatre poids, par la seule addition, péser tous ceux qui exprimés en nombre entier, ne surpassent pas la somme de ces poids ; car $3 = 2 + 1$; $5 = 4 + 1$; $6 = 4 + 2$; $7 = 4 + 2 + 1$; $9 = 8 + 1$; $10 = 8 + 2$; $11 = 8 + 2 + 1$; $12 = 8 + 4$; $13 = 8 + 4 + 1$; $14 = 8 + 4 + 2$ & $15 = 8 + 4 + 2 + 1$. Si la progression sous-double des poids, étoit la suivante ÷ 64 : 32 : 16 : 8, &c, on pourroit de même péser avec 7 poids, tous ceux qui seroient inferieurs à 128, c'est le double du premier poids.

Mais si l'on employoit des poids, en progression sous-triple, comme ÷ 27 : 9 : 3 : 1, on pourroit par l'addition, combinée avec la soustraction, peser tous les poids, depuis une livre jusqu'à 40, qui est la somme des poids : car $2 = 3 - 1$: $4 = 3 + 1$: $5 = 9 - 3 - 1$: $6 = 9 - 3$: $7 = 9 + 1 - 3$ & ainsi de suite. Si la progression pondérale sous triple, étoit ÷ 729 : 243 : 81 : 27, &c, on pourroit avec 7 poids péser tous ceux, depuis une livre jusqu'à 729, augmenté de la plus petite moitié, de 729 prise en nombre entier, qui est 364, c'est-à-dire qu'on pourroit péser, jusqu'à 1093 ₶, c'est la somme de tous ces poids. La première manière est plus facile, aussi a-t-elle prévalue dans l'usage ; & la seconde exige un moindre nombre de poids ; mais dans ce cas, les poids négatifs doivent être mis, dans le bassin de la balance où est la marchandise.

Ces

Ces deux suites pondérales, sont les plus
avantageuses qu'il y ait.

*Voici une table du Ponde & de ses sous-
divisions, exprimées en poids de marc ;
elle offre la comparaison, des parties de
ces deux différens poids.*

Noms des subdivisions.	Poids de Marc.						Parties du Ponde.
	Liv.	on.	gr.	den.	grains.		
1 *As*	0	00	0	0	00	$\frac{13}{32}$	$\frac{1}{32768}$
2 Ass	0	00	0	0	00	$\frac{26}{32}$	$\frac{1}{16384}$
4 Ass	0	00	0	0	01	$\frac{20}{32}$	$\frac{1}{8192}$
1 *DENIER*	0	00	0	0	03	$\frac{7}{32}$	$\frac{1}{4096}$
2 Deniers	0	00	0	0	06	$\frac{15}{32}$	$\frac{1}{2048}$
4 Deniers	0	00	0	0	12	$\frac{30}{32}$	$\frac{1}{1024}$
1 *SCRUPULE*	0	00	0	1	01	$\frac{28}{32}$	$\frac{1}{512}$
2 Scrupules	0	00	0	2	03	$\frac{23}{32}$	$\frac{1}{256}$
4 Scrupules	0	00	1	1	07	$\frac{14}{32}$	$\frac{1}{128}$
1 *DRACHME*	0	00	2	2	14	$\frac{29}{32}$	$\frac{1}{64}$
2 Drachmes	0	00	5	2	05	$\frac{26}{32}$	$\frac{1}{32}$
4 Drachmes	0	01	3	1	11	$\frac{19}{32}$	$\frac{1}{16}$
1 *ONCE*	0	02	6	2	23	$\frac{6}{32}$	$\frac{1}{8}$
2 Onces	0	05	5	2	22	$\frac{13}{32}$	$\frac{1}{4}$
4 Onces	0	11	3	2	20	$\frac{26}{32}$	$\frac{1}{2}$
1 *PONDE*	1	06	7	2	17	$\frac{19}{32}$	$\frac{1}{1}$

Il seroit à propos maintenant, d'avoir
les dimensions du Ponde & celles de ses sub-
divions, le tout en un certain métal, comme
seroit le cuivre de Suède. La pésanteur spécifique de ce métal, est à celle de l'eau,
comme 79 est à 9. Un Ponde d'eau pure a

de volume, 35 pouces cubes & $\frac{15}{31}$, du Pied de Roi; ce Ponde auroit en cuivre, $(35+\frac{15}{31}) \times \frac{9}{79} = 4 + \frac{70}{1649}$, pouces cubes de solidité; le tiers de son logarithme est de, 0,202215, il répond dans les tables à, 1 p.,59297 = 1 p. 7 lig. 1 pt.,4 : c'est le côté d'un cube de cuivre, pésant un Ponde. A ce logarithme, ajoutant le tiers de celui de 2, on aura, 0,101872, il répond à, 1 p. 3 lig. 2 pts.,1 ; c'est le côté du cube d'un demi-Ponde; ajoutant de même au logarithme, 0,202215, du côté du Ponde, celui du tiers du logarithme de 4, on aura, 0,001528; il répond à, 1 p. 0 lig. 0 pts.,6 ; c'est le côté du cube de cuivre, que pese le quart du Ponde ; ces trois côtés feront aisément, obtenir les suivans.

On pourroit desirer de connoître, les diamètres des boules en cuivre, de ces poids ; c'est la forme la moins susceptible d'altération, & conséquemment la plus durable : soit nommé L le côté du cube, & d le diamètre de la boule, qui sera égale à ce cube ; on aura $d = L \times \sqrt{\frac{113 \times 6}{355}} = L \times$ 1,240701, ou $L \times \frac{3469}{2796}$: ainsi en multipliant les trois côtés précédens, par 1,240701, ou par, $\frac{3469}{2796}$, on aura respectivement, 1 p. 11 lig. 8 pts.,6 : 1 p. 6 lig. 9 pts.,9 & 1 p. 2 lig. 11 pts.,3 , pour les diamètres des poids correspondans ; c'est d'après ces élémens, qu'on a dressé la table suivante, qui pourra servir à chacun, & devenir nécessaire, aux Fabricans de poids, aux Balanciers, &c.

Table des côtés des cubes, & des diamètres des boules du Ponde en cuivre, & de ses subdivisions.

Parties du Ponde.	Côtés des cubes, en parties du Pied de Roi.			Diamèt. des boules, en parties du Pied de Roi.		
	pouc.	lig.	pts. 10^s	pouc.	lig.	pts. 10^s
1	1	07	01,4	1	11	08,6
$\frac{1}{2}$	1	03	02,1	1	06	09,9
$\frac{1}{4}$	1	00	00,6	1	02	11,3
$\frac{1}{8}$	0	09	06,7	0	11	10,3
$\frac{1}{16}$	0	07	07,0	0	09	04,9
$\frac{1}{32}$	0	06	00,3	0	07	05,6
$\frac{1}{64}$	0	04	09,3	0	05	11,2
$\frac{1}{128}$	0	03	09,5	0	04	08,5
$\frac{1}{256}$	0	03	00,1	0	03	08,8
$\frac{1}{512}$	0	02	04,7	0	02	05,6
$\frac{1}{1024}$	0	01	10,8	0	02	04,2
$\frac{1}{2048}$	0	01	06,1	0	01	10,4
$\frac{1}{4096}$	0	01	02,3	0	01	02,8
$\frac{1}{8192}$	0	00	11,4	0	01	02,1
$\frac{1}{16384}$	0	00	09,0	0	00	11,2
$\frac{1}{32768}$ . . .	0	00	07,2	0	00	07,4

Si l'on fait de ces cubes une pile, en commençant par le plus grand, ils peuvent être tous inscrits dans une pyramide, dont l'angle au sommet du triangle par l'axe, est de, 14ᵈ. 48′ 34″. Il en seroit de même des boules ; elles peuvent être inscrites dans un cône, dont l'angle au sommet du triangle par l'axe, seroit de la même ouverture.

La figure 3, représente la coupe d'une pyramide, par le plan d'un triangle par l'axe, avec la coupe de quelques cubes, inscrits à ce solide : soit *CD* le côté du cube d'un Ponde, il est de 229 pts. $\frac{4}{10}$, suivant la table précédente ; par conséquent *Cp* $=$ 114 pts.,7, c'est le côté d'un huitième de Ponde. *AB* sera le côté de deux Pondes ; ainsi le cube de *AB*, est double du cube de *CD* : *AB* est le double de *GH*, lequel sera le côté d'un quart de Ponde, qui est de 144 pts.,6 ; ainsi *AP* $=$ 144 pts.,6 : si l'on ôte *Cp* de *AP*, on aura *Ac* $=$ 29 pts.,9 : on connoît donc dans le triangle *ACc*, les deux côtés *Cc* & *cA* : ainsi on trouvera l'angle *ACc*, qui est la moitié de l'angle *S* au sommet.

Au lieu de figures cubiques, si l'on desiroit que les poids, fussent des pyramides tronquées, la partie *ACDB* du triangle *ASB*, en représenteroit la coupe : alors la solidité, seroit plus grande que celle du cube, dont *CcdD* est la coupe, à fort peu près dans la raison de 9 à 7 ; afin d'avoir ce mode de poids, il faudroit diminuer les côtés, *CD* $=$ *Cc*, en les multipliant chacun par, $\frac{266}{289}$; ce que l'on trouvera, en comparant la solidité, de la pyramide tronquée, à celle du cube.

Le cône circonscrit aux sphères, est sûrement la source, où l'on a puisé la forme

Ingénieuse, des marcs fabriqués à Nuremberg, & composées depoids, en progression
sous double, emboîtés les uns dans les autres ; chacun est un cône tronqué creux,
appuyé sur sa petite base, qui est fermée,
& l'autre est ouverte : on a ôté dans chacun,
la moitié du poids qu'il auroit pésé, s'il eût
été plein, de manière que le vuide est pré-
paré, pour recevoir un cône tronqué, semblable au précédent ; mais moitié moindre
en poids, excepté le dernier qui n'est pas
évuidé.

Si un de ces cônes tronqués, a 504 de
hauteur, & aussi 504, pour le diamètre de
sa petite base, il aura 635, pour diamètre
extérieur de sa grande base ; il est nécessaire, que le cube de ce dernier diamètre,
soit double de celui de l'autre. Il y auroit de
moindres nombres, qui rempliroient fort
peu moins bien, cette condition, tels sont
50 & 63, ou même 4 & 5.

La formule pour obtenir, la solidité d'un
cône tronqué, est $S = \dfrac{355h}{113 \times 4 \times 3} \times (DD + Dd$
$+ dd)$, dans laquelle D est ici, le diamètre
635, de la base supérieure ; $d = 504$, est
celui de la base inférieure ; h égale aussi à
504, est la hauteur du tronc conique ; & la
solidité sera, $S = 128949201$. La formule
pour avoir la solidité, d'une pyramide
tronquée est, $S = \dfrac{h}{3} \times (DD + Dd + dd)$,
dans laquelle D, est le côté de la grande
base, & d celui de la petite.

On a vu qu'un Ponde contenoit, 4 pouces cubes & $\frac{70}{1649}$ de cuivre. Le tiers du logarithme, de la solidité du modèle conique, est de, 2,7034762 ; le tiers de celui de, 4 p³ $+\frac{70}{1649}$, est de, 0,2022149 ; le logarithme du grand diamètre, 635 du modèle est de, 2,8027737 : de la somme des deux derniers, ôtant le premier il restera, 0,3015124, lequel répond à, 2 p.,002223 = 2 p. 0 lig. 0 pts.,32 ; c'est le diamètre desiré, de la base supérieure. La hauteur ou le diamètre inférieur, sera égal à, (2 p. 0 lig. 0 pts.,32) $\times\frac{504}{635}$ = 1 p. 7 lig. 0 pts.,84 ; car $\frac{504}{635}$, est le rapport des côtés, du cône tronqué intérieur, à ceux du cône tronqué semblable & extérieur. La hauteur ou profondeur, de ce cône intérieur, ou le diamétre de sa petite base, sera de, (1 p. 7 lig. 0pts.,84) $\times\frac{504}{635}$ = 1 p. 3 lig. 1 pt.,63 : puisqu'on a trouvé, les dimensions extérieures du second poids, cela donnera les épaisseurs en cuivre, du cône tronqué extérieur.

Il est sans doute inutile de prévenir, que le cône tronqué du Ponde dont il s'agit, ne pésera plus qu'un demi-Ponde, lorsqu'il sera évuidé, pour recevoir le second poids. On n'entrera pas dans un plus ample détail, sur ce sujet, parcequ'on en a déjà traité, à peu-près de pareils.

On pourroit aussi construire ces poids, en boîtes sphériques, mises les unes dans les autres ; elles fermeroient à frottement doux. La boîte d'un demi-Ponde, auroit le diamètre entier du Ponde, parceque le vuide intérieur, l'allégeroit de moitié : ce diamètre, suivant la table précédente, seroit de, 284 pts.,6, & l'épaisseur de cette boîte seroit de, 29 pts.,3½ ; c'est la demi-différence des diamètres extérieur & intérieur. Celui de la boîte d'un quart de Ponde, seroit suivant la même table, de 225 pts.,9, & l'épaisseur du cuivre seroit de 23 pts.,3, ainsi de suite. La plus petite boîte, pourroit péser un scrupule, & elle seroit remplie, d'une boule solide du même poids, boule qui auroit 29 pts.,6 de diamètre, & cela completteroit le Ponde.

On doit avertir que les poids précédens, étant en cuivre de Suède, s'ils étoient en cuivre de fonte, la pésanteur spécifique de celui-ci, étant à celle de celui-là, comme 65 est à 68, ou à très-peu près ; les dimensions des poids ci-dessus, devroient être multipliées par, $\sqrt[3]{\frac{68}{65}}=\frac{67}{66}$, afin de devenir celles, des poids en cuivre de fonte.

Si l'on vouloit avoir une série de poids, en progression sous - triple. Soit (*fig.* 4) $OP=OR$, de 2987 parties ; MN sera de 4308, parceque le cube de 2987, doit être le tiers, de celui de 4308 ; il y a de moindres nombres tels que, 658 & 949 ; 52 & 75 ; 9 & 13, qui satisferoient fort peu moins exactement, à la condition réquise. Menant OQ parallèle à PN, le triangle MOQ, est semblable au triangle par l'axe, de la pyra-

mide ou du cône, dans lesquels peuvent
être incrits les poids desirés. On aura MQ
$= 4308 - 2987 = 1321$; abaissant la perpendiculaire $OR = 2987$, on aura $MR = RQ$
$= \frac{1321}{2} = 660\frac{1}{2}$; cela suffit pour trouver l'angle $MOQ = 24^{\text{d}}$. $56'$ $16''$; il est égal à
celui du sommet du triangle par l'axe, de
la pyramide ou du cône dont il. s'agit. On
s'arrêtera sur ce sujet, aux élémens précédens, parceque ces poids sont très-peu en
usage, puis ce seroit répéter, des opérations
analogues, à celles qu'on a déjà exécuté,
sur les poids en série sous-double.

§. IV. *Des Monnoies.*

Un Ponde d'or de coupelle, vaut....
$2302^{\text{tt}},1943$; on y ajoutera le 20e qui est,
$115^{\text{tt}},1097$, tant pour les frais d'essais &
de fabrication, que pour les honoraires des
officiers, le *rendage*, &c, il viendra ,....
$2417^{\text{tt}},304$, pour le prix du Ponde d'or pur
monnoyé.

Si l'on tailloit dans cette masse, 64 pièces
d'or ; chacune vaudroit, $37^{\text{tt}},7704$: il seroit plus commode, qu'elle fût de 36^{tt}
justes. Pour y parvenir sans altérer le poids,
on multipliera le titre, 24 carats de la masse
par , $\frac{36.0000}{37.7704}$, & l'on aura pour le titre desiré, 22 carats & $\frac{28}{32}$.

On a trouvé d'après 37 données récentes,
recueillies & combinées avec soin, que le
prix moyen de l'or, étoit à celui de l'argent, comme 221 est à 15 : en conséquence,
le

le Ponde d'argent de coupelle vaut, ...
156^{tt},2575. Si l'on y ajoute le 20e, qui est
de, 7^{tt},8129 , par les raisons qu'on a déduites , on aura, 164^{tt},0704 , pour la valeur , du Ponde d'argent pur monnoyé.

Cette masse étant soumise , à la taille de 8 pièces, elles seroient chacune de, ... 20^{tt},5088; il seroit bon , que chaque pièce valût 20^{tt} précises : dans cette vue sans affoiblir le poids , on multipliera le titre , 12 deniers de la masse par, $\frac{20.0000}{20.5088}$, & l'on trouvera 11 deniers & $\frac{17}{24}$, pour le titre cherché.

La drachme d'or monnoyée , ou la 64e partie du Ponde , étant de 36^{tt} , il seroit utile qu'il y eût , des demies , des tiers & des quarts de drachme , ou des pièces d'or , de 18 , de 12 & de 9^{tt} ; elles seroient respectivement , le 128e, le 192e & le 256e du Ponde.

L'once ou le 8e de ce Ponde , en argent monnoyé , valant 20^{tt} ; cette pièce est assez volumineuse, il seroit commode qu'il y eût des pièces d'argent, de 10 , de 5 & de 2^{tt}$\frac{1}{2}$; c'est-à dire de la moitié , du quart & du huitième de l'once du Ponde , ou ce qui revient au même , ces pièces seroient , le 16e, le 32e & le 64e , du Ponde même. On ne s'occupera point des monnoies d'argent, de valeurs inférieures , ni des pièces de billon , qui sont celles où il entre ordinairement , plus de la moitié d'alliage avec l'or ou l'argent : on appelle aussi de même , celles qui sont au-dessous du titre , fixé par les

H

ordonnances : on donne encore ce nom , aux espèces nationales , dont le cours est défendu : ces petites pièces sont fort utiles , pour le détail habituel du commerce ; on pourra se diriger à leur égard, à-peu-près, selon les principes précédens.

On a pris pour évaluer ces monnoies, la livre de 20 sous & le sou de 12 deniers ; mais cette division , ne paroît pas être la plus naturelle : la monnoie est une mesure, un poids ; ainsi des pièces de monnoie en général, doivent être des solides semblables, & suivre dans leurs subdivisions, la raison de quelque cube, comme seroit 8, qu'on a déjà employé, dans les mesures de capacité, & dans les poids. La drachme d'or, qui vaut 36 de nos livres actuelles , devroit porter le nom de son poids. La pièce d'argent de 20 francs, s'appelleroit once d'argent, nom qui est relatif à son poids. La pièce de 2^{tt} 10 s. pourroit se nommer *Florin*, elle emprunteroit ce nom de sa valeur.

Mais la relation , de la monnoie d'or & d'argent aux poids , pourroit être plus facile à saisir , de même que le rapport de leur prix , sous le même poids : il seroit d'abord aisé d'établir, le rapport de 16 à 1, entre l'or & l'argent monnoyé. Dans cette vue on observera , que le titre moyen de l'or des ducats, chez les princes d'Allemagne & en Hollande, est au moins de 23 carats & demi ; cela étant le Ponde d'or de ducats monnoyé, vaudroit 2366^{tt},944 & celui d'argent 147^{tt},934;

le titre de ce dernier métal, seroit de 19 deniers 19 grains $\frac{2}{3}$, à très-peu près : s'il est fort difficile d'affiner l'or, jusqu'à 24 carats, il ne l'est pas de l'obtenir à 23 carats $\frac{1}{2}$; & l'argent à 10 deniers 19 grains $\frac{2}{3}$, n'offre à cet égard aucune difficulté.

La drachme d'argent, vaudroit alors 2 $\frac{5}{16}$: ne seroit-il pas à propos, on l'a déjà dit, de nommer Florin cette pièce ? D'autant plus qu'elle a une valeur moyenne, entre les florins qui ont cours, en divers états de l'Europe ; alors l'once d'argent vaudroit 8 florins, & le Ponde de ce métal, en vaudroit 64. Pareillement la drachme d'or, vaudroit 16 florins, & le Ponde d'or en vaudroit 1024, à cause du rapport de 16 à 1, qui règne entre ces métaux ainsi préparés. La moitié & le quart de la drachme d'or, seroient respectivement, de 8 & de 4 florins. Ce quart vaudroit 9 4 s. 11 den., de notre monnoie actuelle ; la valeur de cette pièce, pourroit la faire nommer *ducat*.

Notre livre fictive ou de compte, ne seroit plus d'usage ; elle désignoit autrefois, une livre d'argent de douze onces ; aujourd'hui, sa signification est fort différente, cette acception ne seroit plus désormais, usitée dans notre langue. Il en seroit de même du denier, de 240 à la livre monnoie, c'étoit jadis un denier d'argent, qui valoit environ, 7 de nos sous actuels ; il est maintenant, si éloigné de sa signification primitive, qu'il ne devroit plus en ce sens, paroître dans nos monnoies, où d'ailleurs il n'est plus qu'idéal.

Pour le détail du commerce journalier, on auroit en argent, des pièces d'un demi & d'un quart de florin : on en auroit aussi d'autres inférieures en billon.

Ce mode de monnoie, a l'avantage d'indiquer toujours, avec la valeur d'une pièce, le poids d'or ou d'argent, au titre de la monnoie, qui lui est égal ; par exemple une drachme d'or monnoyée, vaudroit 16 florins, lesquels péseroient 2 onces d'argent, au titre de la monnoie : deux scrupules d'argent monnoyés, vaudroient un quart de florin, lequel équivaudroit à un denier d'or, au titre de la monnoie. Cette simple & commode propriété, pourroit être rendue perpétuelle, en changeant peu l'alliage à chaque refonte, si toutefois le rapport variable, du prix de l'or & de l'argent avoit changé. La première manière indiquée ci-dessus, de composer la monnoie, comptée avec la nôtre actuelle, n'a pas cette utile simplicité ; parceque la valeur, de l'or & de l'argent à monnoyer, y sont après l'alliage, dans le rapport de $14\frac{11}{15}$ à 1. De ces deux manières de procéder, la seconde embarrasseroit d'abord un peu : ensuite elle seroit constamment utile, en rendant facile, la comparaison de l'or & de l'argent monnoyés, avec les poids. La première ne causeroit aucun embarras momentané : mais la comparaison, de l'or & de l'argent monnoyés aux poids, offriroit perpétuellement, de la difficulté : d'où il sembleroit que la seconde, seroit de beaucoup préférable à la première. Ces subdivisions de la monnoie, qui suivent la loi de celles des poids & des mesures, ont l'avantage même, de n'être pas nouvelles, elles existent en partie, dans divers états & même en France, où le quadruple Louis d'or, dont il y a eu peu de frappé, contient 8 demi-louis, un double-louis vaut 8 écus de 6tt, & un louis d'or, est égal à 8 écus de 3tt.

La monnoie dont on vient de s'entretenir, devroit être pésée à poids *trébuchans*, & même en *forçage* de poids, & jamais en *foiblage* ; afin de parer plus long-tems au *fray*, occasionné par le frottement & le maniement, inséparables du service : en compensation de ce léger surpoids, on a le remède d'*aloi*, qui pourroit aller, jusqu'à un 64ᵉ du titre : sur quoi on observera qu'il paroît superflu, d'exprimer le titre de l'or de coupelle, par 768, & celui de l'argent d'essai, par 288 : ne seroit-il pas plus simple, d'énoncer à l'avenir, l'un & l'autre par 512 ass ? Ce sont les parties d'un des scrupules précédens.

De telles monnoies, qui à l'instar des anciens seroient de vrais poids, feroient aussi aisément retrouver, en tous tems & en tous lieux, les mesures de capacités, avec lesquelles, elles sont étroitement unies, de même que celles des longueurs : par exemple pour retrouver ces mesures, que l'on prenne en eau pure, le poids de huit pièces d'argent, à la taille de huit au Ponde, ce sera la chopine dont on a parlé : prenant 64 fois cette eau, on aura un Pied cube Equatorial de ce liquide, lequel étant évalué avec un Pied quelconque, la racine cubique de cette solidité, exprimera en parties du Pied employé, la longueur du Pied Equatorial cherché.

Les espèces de monnoies qu'on vient d'indiquer, seront peut-être avant peu, exécutées en France : on vient cependant de refondre les espéces d'or, qui y étoient en usage, & d'en diminuer le poids, sans en baisser la valeur ; l'économie pourra les laisser circuler, jusqu'à ce que le *fray*, les ait sensiblement diminué, ou jusqu'à ce que leur transport en d'autres pays, leur rareté, obligent d'en frapper de nouvelles. On ne pourra peut-être pas mieux faire alors, que de les renouveller, suivant les principes précédens, qui les uniront aux autres mesures : alors ces principes, par leur simplicité & leur solidité, prévaudront sans doute, malgré le choc des opinions, qu'ils auront en à soutenir.

§. V. *Examen de quelques mesures, & des qualités que chacune devroit avoir.*

Il y a environ 700 ans, que le marc de Paris est en usage : parmi divers marcs qui avoient lieu , en différentes fabriques de monnoies, dans le Royaume ; on choisit celui de la Rochelle, qui étoit les $\frac{2}{3}$ de la livre de Charlemagne : malgré cette antiquité, il ne paroît pas dépendre, des mesures françaises en longueur, lesquelles ont d'ailleurs subi une diminution , en 1668. Ce marc pese autant que , 12 pouces cubes & $\frac{8}{23}$, de Paris en eau pure : la racine cubique de ce nombre est , 2p. 3lig. 8pts. & $\frac{5}{6}$: ainsi il équivaut , à un cube d'eau d'environ, 2p. & $\frac{33}{106}$ de côté, ou à une sphère de, 2p. $\frac{52}{68}$, de diamètre : le côté de ce cube , est 5 fois & $\frac{14}{73}$, dans le Pied de Roi. En prenant ce côté , pour une *paleste* ou *palmus*, c'est un palme mineur qui est de 4 doigts , si on le quadruple on aura, 9p. 2lig. 11pts. & $\frac{1}{3}$, c'est à fort peu près le palme de Montpellier , ou environ le Pied Pythique : cette *palma* ou palme majeur, est les $\frac{3}{4}$ du Pied; on nommera x ce Pied : or $\frac{3x}{4} = 9$p. 2lig. 11 pts. $\frac{1}{3}$, d'où l'on tire, $x = 1$P. 0p. 3lig. 11 pts. $\frac{1}{3}$: c'est le Pied de Moravie. Si ce marc d'eau est de figure sphérique il a , 2p. 10 lig. 4pts. & $\frac{18}{19}$, de diamètre, lequel est 4 fois & $\frac{12}{65}$, dans le Pied de Roi : le quadruple de ce diamètre est de, 11p. 5lig. 7pts. & $\frac{15}{19}$; c'est à fort peu près le Pied de Berlin ; si ce Pied est un palme majeur, en le multipliant par $\frac{4}{3}$ on aura , 1P. 3p. 3lig. 6pts. $\frac{13}{34}$; c'est le Pied *della porta* de Milan.

Au lieu d'employer l'eau de pluie dans ce cas, si l'on fait usage de l'huile , comme les Romains, selon le rapport de Gallien, paroissent l'avoir pratiqué : la pésanteur spécifique de cette huile, est à très peu près, les $\frac{21}{23}$ de celle de l'eau ; les racines cubiques de ces pésanteurs, sont comme 65 est à 67 ; or l'huile étant plus légère que l'eau, le poids d'un marc de cette substance, sera égal à, $(12p^3 \frac{8}{23}) \times \frac{23}{21} = 13 p^3 \frac{11}{21}$ d'huile. Pour obtenir les dimensions, du cube ou de la sphère d'huile d'un marc ; on multipliera, les dimensions analogues précédentes, par la raison $\frac{67}{65}$, des racines cubiques qu'on vient d'extraire, & l'on aura le côté du cube d'huile, de $(2\,p. \frac{33}{106}) \times \frac{67}{65} = 2\,p. \frac{13}{34}$; il est 5 fois & $\frac{1}{27}$, dans le Pied de Roi ; pareillement, le diamètre de la sphère d'huile d'un marc, sera de, $(2\,p. \frac{52}{68}) \times \frac{67}{65} = 2\,p. \frac{231}{1047}$; il est 4 fois & $\frac{85}{413}$, dans le Pied de Roi. Le quadruple du côté du cube d'huile d'un marc, est de 9 pouces & $\frac{2}{17}$, c'est le Pied des Pays-Bas Autrichiens ; si l'on prend ce Pied pour un palme majeur, & qu'on le multiplie par $\frac{4}{3}$, le produit sera de, 12 p. & $\frac{12}{17}$; c'est le Pied de Stettin. De même le quadruple du diamètre, de la boule d'un marc d'huile, est de 11 p. $\frac{6}{11}$, c'est le Pied de Vienne en Autriche, ou environ : s'il est compté pour un palme majeur, en le multipliant par $\frac{4}{3}$, on aura 1P. 3 p. $\frac{2}{5}$; c'est la petite coudée d'Egypte, qui est les $\frac{3}{4}$ de celle du Caire.

Les Romains ont aussi employé, le mercure au même usage ; selon Vitruve l'Amphore renfermoit, 1200 ℔ de mercure vierge ;

ge ; mais l'huile ni le mercure, ne sont pas aussi généralement répandus, ni si homogènes, que l'eau de pluie ou de neige, laquelle est très-peu plus légère, que la première. La pésanteur spécifique du mercure est, les $\frac{41}{3}$ de celle de l'eau pure, & les racines cubiques de ces pésanteurs, sont entr'elles, comme 208 est à 87. Les volumes étant en raison inverse, des pésanteurs spécifiques, un marc de mercure contiendra, $(12\,p^3\,\frac{8}{23}) \times \frac{3}{41} = \frac{108}{114}$ d'un pouce cube. Le côté du cube d'un marc de cette substance, sera de, $(2\,p.\,\frac{33}{106}) \times \frac{87}{208} = \frac{1105}{1143}$ pouces, ou environ $\frac{29}{30}$; & le diamètre d'une sphère, d'un marc de mercure sera de, $(2\,p.\,\frac{52}{68}) \times \frac{87}{208} = 1\,p.\,\frac{1}{5}$, ou fort approchant : le côté de ce cube, est 12 fois & $\frac{26}{63}$, dans le Pied de Paris ; c'est le pouce du Pied Rhinlandique : le diamètre de cette sphère étant, 10 fois & $\frac{1}{224}$, dans le Pied de Paris ; ce diamètre est le pouce du Pied d'Ancone.

On pourroit desirer d'avoir en chacun des métaux, les dimensions du marc de Paris, dans la vue d'en découvrir un, dont les dimensions, fussent une partie aliquote du Pied de Paris : on commencera par le métal le moins pésant. La pésanteur spécifique, de l'étain de Cornouailles, est à celle de l'eau pure, comme 307 est à 42 ; les racines cubiques de ces pésanteurs, sont entr'elles, comme 33 est à 17 : le volume du marc d'étain est de, $(12\,p^3\,\frac{8}{23}) \times \frac{42}{307} = 1\,p^3\,\frac{122}{177}$, dont la racine cubique est, 1 p. $\frac{101}{529}$; c'est le côté du cube d'étain d'un marc pésant ; si l'on multiplie ce côté par, $\frac{3469}{2796}$, fraction qui exprime le rapport qui règne, entre le diamètre d'une sphère, & le côté du cube, qui est égal à cette sphère, on aura, 1 p. $\frac{53}{111}$, pour le diamètre de la boule, d'un marc du même métal ; le côté du cube est à fort peu près, le pouce du Pied d'Ancone, & le diamètre de la boule, est le pouce du Pied de Crémone.

La pésanteur spécifique de l'eau, est à celle du fer forgé & recuit, comme 5 est à 38. Les racines cubiques de ces pésanteurs, sont entr'elles, comme 57 est à 212 : un marc d'eau pure a de volume, $12\,p^3\,\frac{8}{23}$; ainsi le volume d'un marc de fer sera de, $(12\,p^3\,\frac{8}{23})$ $\times\,\frac{5}{38}=1\,p^3\,\frac{5}{8}$; la racine cubique de ce nombre, est de 1 p. $\frac{3}{17}$; c'est le côté du cube d'un marc de ce métal : en le multipliant par, $\frac{3469}{2796}$, on aura 1 p. $\frac{11}{24}$, pour le diamètre de la boule de fer d'un marc ; le côté du cube précédent, est à très-peu près, le pouce du Pied de Bologne, & le diamètre de la boule, est le pouce du Pied de Brescia, ou très-approchant.

La pésanteur spécifique de l'eau, est à celle du cuivre jaune ou laiton, comme 5 est 42 ; les racines cubiques de ces pésanteurs, sont entr'elles, comme 61 est à 124 ; le marc d'eau pure occupe, $12p^3\,\frac{8}{23}$, celui du laiton fondu & non écroui, occupera, $(12p^3\,\frac{8}{23})\times\frac{5}{42}=1\,p^3\,\frac{47}{100}$; la racine cubique de cette solidité, $=1\,p.\,\frac{7}{51}$; c'est le côté du cube de laiton d'un marc ; multipliant ce côté par, $\frac{3469}{2796}$, on aura 1 p. $\frac{17}{90}$, pour le diamètre de la boule d'un marc de ce métal. Le côté du cube précédent, est le pouce du Pied de Trente ou environ, & le diamètre de la sphère de laiton d'un marc, est à fort peu près, le pouce du Pied de Livourne.

L'argent est un métal assez rare, & qui ne se trouve pas dans toutes les régions. La pésanteur spécifique, de l'argent de coupelle est, les $\frac{1833}{175}$, de celle de l'eau : les racines cubiques de ces pésanteurs, sont dans la raison de, 291 à 133. Le cube d'argent d'un marc pésant, est de, ($12\mathrm{p}^3\ \frac{8}{23}$) $\times$ $\frac{175}{1833}$ $= 1\ \mathrm{p}^3\ \frac{22}{123}$; en multipliant le côté, 2 p. $\frac{33}{106}$ du cube d'eau d'un marc, par $\frac{133}{291}$, le produit 1 p. $\frac{4}{71}$, sera le côté du cube d'argent de même poids : le diamètre de la sphère d'argent, de même solidité, sera de, (2 p. $\frac{12}{68}$) $\times$ $\frac{133}{291}$ $= 1\mathrm{p}.\ \frac{9}{29}$. Le côté précédent du cube d'argent, est le pouce du Pied manuel de Turin, ou très-peu plus ; & le diamètre de la boule d'argent, du même poids, est fort peu moindre, que le pouce du Pied de Padoue.

Si l'on vouloit avoir un marc en plomb : la pésanteur spécifique de ce métal, est à celle de l'eau, comme 34 est à 3 ; & les racines cubiques de ces pésanteurs, sont entr'elles, comme 92 est à 41. Le volume d'un marc de plomb, est égal à celui d'eau, 12 p^3 $\frac{8}{23}$, multiplié par $\frac{3}{34}$; ainsi il est, d'1 p^3 $+ \frac{6}{67}$. Le côté du cube de ce marc, est égal à celui du marc d'eau, 2 p. $\frac{33}{106}$, multiplié par $\frac{41}{92}$, par conséquent il est, d'1 p. $+ \frac{7}{233}$; c'est le pouce du Pied de Mâcon. Le diamètre de la sphère de plomb d'un marc, est égal au produit de celui du marc d'eau, 2 p. $+ \frac{52}{68}$ par $\frac{41}{92}$; il est conséquemment de, 1 p. $+ \frac{5}{18}$; c'est celui du Pied de Trevigio, ou fort peu plus.

On pourroit enfin, évaluer le volume du marc, par un solide d'or de coupelle, ce métal le plus dense des corps, hors la platine peut-être, qui est un alliage & non un métal naturel : l'or ne se trouve pas dans tous les pays. Sa pésanteur spécifique est, les $\frac{52}{3}$ de celle de l'eau pure, & les racines cubiques de ces pésanteurs, sont entr'elles, comme 413 est à 153. Le volume d'un marc d'or est égal, à celui du volume de ce poids en eau pure, multiplié par $\frac{3}{59}$, il est de, $(12 \, p^3 \, \frac{8}{23}) \times \frac{3}{59} = \frac{85}{133}$ de pouce cube, ou environ à $\frac{5}{8}$; afin d'obtenir le côté du cube, égal à ce solide, on multipliera, le côté de celui du cube d'eau, par $\frac{153}{413}$, & l'on aura, $(2 \, p. \, \frac{33}{106}) \times \frac{153}{413} = \frac{6}{7}$ de pouce ; c'est celui du Pied d'arpentage de Nuremberg, ou à fort peu près le doigt du Pied d'Alexandrie ; de même le diamètre d'une boule d'or, des $\frac{85}{133}$ d'un pouce cube, est de $(2 \, p. \, \frac{52}{68}) \times \frac{153}{413} = 1 \, p. \, \frac{1}{16}$; ce diamètre, est le pouce du Pied de Vicence ou peu moins.

On vient de voir que le marc français, n'avoit qu'un rapport fort éloigné, avec le Pied de Paris ; les mesures longitudinales, sont pourtant la source naturelle, des autres mesures ; & si ce marc paroît tenir en

quelque chose, à des pouces, palmes ou
pieds de certains endroits ; ces accords
sont dûs sur-tout, à la profusion des autres
res, qui sont répandues presque par-tout.
On en pourroit dire autant, de beaucoup
de poids des autres nations , lesquels ne
dérivent pas mieux , des mesures en longueur qui y sont établies·

Ce n'est pas-là l'unique défaut, qu'on re-
connoît aux mesures de Paris. M. Picard,
ayant mesuré la pinte de cette ville, d'après
son étalon, a trouvé qu'elle contenoit , 47
pouces cubes & $\frac{2}{7}$; il y auroit 36 & $\frac{6}{11}$, de
ces pintes dans le Pied cube : on donne or-
dinairement, 48 pouces cubes à cette pinte ;
ainsi elle est contenue, 36 fois dans le Pied
cube : mais ce Pied a 1728 pouces cubes ;
étant divisé par les nombres cubes , 8, 27 ,
64 ; on auroit pour quotients , 216 , 64 & 27
pouces cubes : ce sont-là les mesures les plus
naturelles , qu'on puisse tirer de cette Amphore , & aucune de ces mesures , n'est en
usage à Paris : la première vaudroit , 4 pintes & $\frac{1}{2}$ de cette ville , la seconde une pinte
$\frac{1}{4}$, & la troisième les $\frac{2}{16}$ de cette pinte. On
auroit pu dans l'origine , égaler la chopine
à cette dernière : alors la pinte auroit eu ,
54 pouces cubes, & le pot 108 de ces pouces : celui-ci auroit été 16 fois dans le Pied
cube , la pinte 32 fois , la chopine 64 fois ,
&c , mais ci-devant on a dit , que ce Pied
n'étoit pas fondé en raison, en voici la
preuve,

Ce Pied est, 342300 fois, dans le degré moyen du méridien : le Pied Pythique y est, 450000 fois ; ainsi ce Pied est au Pied de Roi, comme $\frac{1}{4500}$ est à $\frac{1}{3423}$; comme 3423 est à 4500, ou à très-peu près, comme 89 est à 117. Le Pied d'Egypte est de 400000 au degré ; par conséquent ce Pied, est à celui de Paris, comme 3423 est à 4000, ou environ comme 6 est à 7. Le Pied Romain est, de 375000 au degré, donc ce Pied est au Pied de Roi, comme 3423, est à 3750, ou à fort peu près, comme 21 est à 23. Le Pied Olympique, est de 360000 au degré ; par conséquent ce Pied Grec, est à celui de Paris, comme 3423, est à 3600, ou à très-peu près, comme 58 est à 61. Le Pied Equatorial, est de 312500 au degré ; donc ce Pied est au Pied de Roi, comme 3423, est à 3125, ou à fort peu près, comme 23 est à 21.

On n'étendra pas plus loin ces comparaisons ; elles montreroient de plus en plus, que le Pied de Roi, n'a qu'une filiation fort éloignée, avec les pieds les mieux fondés, & les plus réfléchis de toutes les nations : conséquemment le Pied de Paris, devroit être supprimé, comme n'étant point le fruit de la réflexion : on a pu voir que fortuitement, il est à très-peu près, moyen proportionnel géométrique, entre le Pied Romain & le Pied Equatorial ; mais ce n'est-là qu'une propriété stérile.

On ne seroit pas plus heureux, si l'on

vouloit considérer le Pied de Paris, comme
un pendule : car à 45^d. de latitude, le pendule à secondes, lequel tient le milieu, entre celui de l'Equateur & le pendule à secondes, qui auroit lieu aux pôles ; ce pendule à 45^d. de hauteur, est de 440 lignes
plus $\frac{4}{13}$, & le Pied de Roi est de, 144 de
ces lignes. Les nombres de vibrations dans
le même tems, sont en raison inverse des
racines quarrées, de la longueur des pen-

dules ; or $\sqrt{\dfrac{440\frac{4}{13}}{144}} = 1{,}7486258$. Le pendule

à secondes bat, 3600 fois dans une heure ;
donc le pendule d'un Pied de Roi de longueur, en battera dans le même tems, 3600
× 1,7486258 = 6295 $\frac{1}{19}$. Chacune de ces vibrations répond à, 34$'''$ + $\frac{5}{16}$, & ce nombre de tierces, n'est point partie aliquote
d'une heure, ni même d'un jour entier ;
donc de nouveau on devroit supprimer ce
Pied ; car il n'a aucun fondement réel, dans
la nature.

Si cette mesure, eût pu être regardée
comme pendule, outre qu'il augmente en
longueur, avec la hauteur du pôle, &
qu'on ne connoît en général, la longueur
de celui à secondes, pour chaque latitude,
qu'à $\frac{1}{9}$ de ligne près au bord de la mer,
ce n'auroit jamais été qu'un principe se-
condaire ; car une mesure fondamentale,
ne doit avoir rien d'arbitraire ; or la longueur du pendule à secondes, n'est fondée
que sur le nombre conventionnel, 3600

vibrations, qu'il fait dans une heure moyenne ; mais cette convention n'est pas universelle. Les Chinois partagent le jour naturel, en 1,0000$'$, dont chacune répond à, $\frac{4}{}$ plus $\frac{16}{25}$, de nos secondes ; & comme le jour s'y divise aussi, en 1000000$''$, chacune vaut, 6 & $\frac{023}{125}$, de nos tierces. Les Indiens divisent le jour, en 3600 *Viguedies*, chacune répond à, 24 de nos secondes. Les Juifs font les jours équinoxiaux, de 25920 *Helakim* ; chacune de ces mesures inférieures du tems, équivaut à 3 & $\frac{1}{3}$ de nos secondes.

Dans tout autre tems parmi les Juifs, les heures du jour, sont d'une longueur différente de celles de la nuit : les Juifs divisent le tems, entre le lever du Soleil & son coucher, en 12 heures de jour, & depuis le coucher de cet astre, jusqu'à son lever, ils comptent 12 heures de nuit ; les heures diurnes d'été, sont plus longues que celles d'hiver, & au contraire, les heures nocturnes de l'hiver, sont plus longues que celles de l'été. A Jérusalem par exemple, le plus long jour est de, 14 & $\frac{5}{29}$ de nos heures, ayant égard à l'effet de la réfraction ; ainsi la plus longue heure diurne, antique ou judaïque, y est d'1 heure & $\frac{2}{11}$ des nôtres, tandis que le jour le plus court, y étant de 10 de nos heures, la plus courte heure diurne Judaïque, y est des $\frac{5}{6}$ de la nôtre. Cette division en heures inégales, entre celles du jour & celles de la nuit, avoit lieu dans l'antiquité, en Chaldée, en Egypte & presque

que par-tout; elle étoit en usage, ancien-
nement dans l'Eglise, d'où l'on conserve
encore, les noms des heures canoniales;
Prime commençoit au lever du Soleil, Tierce
vers les neuf heures du matin, Sexte à midi,
None vers les trois heures du soir, Vêpres
& Complies finissoient, au coucher du Soleil : les Matines se disoient dans les veilles
de la nuit, le premier nocturne vers neuf
heures du soir, le second à minuit, le troisième vers trois heures du matin, & Laudes
au point du jour : ces heures antiques étant
variables, sont opposées aux principes, d'une
mesure en longueur, dont l'essence est d'ê-
tre constante.

Les Astronomes Chaldéens divisoient, les
360^d de la circonférence, chacun en 24 pouces ou
doigts ; delà vient que l'on divise encore
aujourd'hui, le diamètre du Soleil & celui
de la Lune, en 12 pouces ; parcequ'ils oc-
cupent l'un & l'autre, environ un demi-de-
gré de la voute céleste ; chacun de ces
pouces se divisent, en 60 primes ; cela fait
dans le tour du ciel, 518400 primes ; ces
Astronomes eurent l'excellente idée, de diviser aussi le jour, en ce même nombre de
primes ; de sorte que les parties du tems &
celles du cercle, étoient les mêmes, mais
sous des noms différens : cette utile simplicité n'existe plus. Chaque prime chaldéenne,
est égale au tems de 10 de nos tierces, ou à
2 secondes ½ de nos degrés ; mais voilà assez
d'exemples, pour faire voir que, le nombre

K

3600" de l'heure, est arbitraire : d'ailleurs est-il le plus convenable, le plus commode que l'on puisse choisir ?

La 360ᵉ partie, de la circonférence ou 1^d ; n'a pas même toutes les propriétés requises, pour être une mesure naturelle ; car ce nombre 360, est en quelque sorte arbitraire ; il n'est appuyé sur le mouvement d'aucun astre en particulier, & si l'on dit que ce nombre, a beaucoup de sous multiples, on observera néanmoins, que 7 qui indique, le nombre des jours de la semaine, & 11 qui n'est pas fort grand, n'en sont point aliquotes ; afin que 360 acquît ces diviseurs, il faudroit le multiplier par 77, & qu'il devînt 27720. D'ailleurs les Chinois, par analogie aux jours de l'année solaire, divisent le cercle, en 365 degrés & $\frac{1}{4}$.

Mais 360, vient de l'année Egyptienne, qui contenoit ce nombre de jours, lequel tient environ le milieu, entre ceux de l'année solaire, qu'on faisoit alors, de 365 jours 6 heures, & ceux de l'année lunaire, que l'on comptoit à fort peu près, de 354 jours 9 heures : ce milieu est en effet, de 359 jours 19 heures $\frac{1}{2}$, qui à 4 heures $\frac{1}{2}$ près, est égal à 360 jours. L'usage civil exigeoit, qu'on n'employât dans l'année que des jours entiers ; prévenu de cette idée, on ne pouvoit composer cette année mixte, que de 360 jours : on transporta dès-lors cette division au cercle, & l'on continue de s'en servir.

Le pied Equatorial, dépend de toute la circonférence, de la ligne équinoxiale terrestre, & c'est par une heureuse rencontre, qu'il est contenu 312500 fois, dans le degré moyen, d'un méridien de la terre : c'est encore par une telle rencontre, qu'il est à très-peu près égal, au pendule équinoxial de 36$'''$. Cette mesure en longueur, établie sur la base naturelle, du mouvement des astres & sur la grandeur de la terre, n'a rien d'arbitraire ; on en a déduit immédiatement, les mesures de capacité, d'où l'on a tiré les poids ; on a uni intimement à ceux-ci, les monnoies ; ainsi ces mesures, ont toutes les qualités qu'on peut leur desirer.

On pourroit cependant vouloir faire usage, de la longueur 3 Pieds plus $\frac{3}{32}$, du pendule à secondes, sous 45^d de latitude, quoique le nombre de, 86400$''$, dans un jour naturel, soit arbitraire comme on l'a vu : il en est de même, de l'espace 30 P. $\frac{5}{28}$, qu'un corps parcourt uniformement, par une vîtesse acquise en tombant librement, durant une seconde de tems, à la latitude de 45^d, & au niveau de la mer. Car si la gravité ou pésanteur, diminue exactement, en raison inverse du quarré de la distance, au centre de la terre : à 2227 T. au-dessus du niveau de la mer, le pendule à secondes doit y être plus court, de $\frac{3}{5}$ de ligne ; ensorte qu'il ne faut s'élever, vers 45^d de hauteur polaire, que de 37 T. $\frac{1}{6}$, pour que ce pendule perde $\frac{1}{100}$ de ligne de sa longueur. D'ail-

leurs il seroit nécessaire, qu'on eût observé
très-soigneusement, la longueur du pendule, à 45^d de latitude, & au niveau de la
mer, qu'on eût pris de nouvelles précau-
tions, pour obtenir sûrement, le centre de
suspension de l'instrument, qui doit servir
aux expériences, & ne point employer de
pince, pour arrêter le fil du pendule à ce
centre, vu que quelque fin & quelque flexi-
ble que soit le fil, le centre de suspension est nécessairement, au - dessous de la
pince : cette foible quantité seroit à sous-
traire, de la longueur du pendule. Le résultat, des délicates & ingénieuses expériences, de M. de Mairan, peut être affecté
de cette petite quantité ; de plus, la Toise
qu'a employé ce savant illustre, étoit trop
courte dans le rapport de, 8099 à 8100 ;
ainsi son pendule observé à Paris, de
440 lig.,57, est trop long par cette dernière
cause, de $\frac{544}{10000}$ de ligne, & il seroit de
440 lig.,5156 : mais de combien aussi est-il
trop long, par le fort petit abaissement, du
centre de supension ? C'est ce qu'on ignore.
Dans les expériences de cette espèce, il semble en général, qu'on n'a pas eu assez d'é-
gard, à la différence des densités de l'air :
cependant elle varie en France, au niveau
de la mer de $\frac{1}{3691}$, la densité moyenne de
l'air, ou sa pésanteur spécifique, étant $\frac{1}{792}$
de celle de l'eau : cette densité moyenne,
accourcit de $\frac{7}{50}$ de ligne, la longueur du pendule selon M. Bouguer ; & $\frac{1}{3691}$, répondra à

$\frac{3}{100}$ de ligne ; or la moitié $\pm\frac{3}{200}$ de cette quantité, n'est point à négliger. Il y a d'autres considérations, dont on ne s'entretiendra pas, parcequelles sont très-connues.

On pourroit aussi vouloir employer, la vîtesse du son ou du bruit ; il parcourt en général, un degré de grand cercle terrestre, en $5'\frac{1}{3}$ de tems ; c'est à fort peu près, 178 T. & $\frac{2}{7}$, par seconde ; mais cette vîtesse varie avec l'air, qui en est le véhicule ; ce fluide est tantôt plus ou moins chaud, plus ou moins dense, plus ou moins chargé de vapeurs, plus ou moins élastique ; en outre une seconde de tems, est d'une durée de convention ; toutes ces causes d'irrégularités, paroissent devoir faire abandonner ce moyen.

On voudra sans doute aussi, employer la hauteur moyenne, 2 Pieds & $\frac{10}{29}$, de la colonne de mercure, soutenue par le poids de l'air, dans le Baromètre au niveau de la mer, & à 45^d de latitude : cette hauteur quoique déduite, d'un très-grand nombre d'observations, étant assujettie aux mêmes vicissitudes, que l'espace parcouru par le son, dans un tems donné, cette hauteur disonsnous, qui dépend d'ailleurs de la pureté du mercure, né paroît guères plus propre que cet espace, à devenir l'archetype des mesures ; néanmoins les observations, de la longueur de cette colonne, sont faciles à répéter, & cette longueur, est celle d'une aune de moyenne grandeur ; de plus on pourra être tenté, de charger d'eau pure un long Baromètre, & sa hauteur moyenne, d'un peu plus de 32 Pieds de Roi, pourroit être prise, pour mesure fondamentale ; mais de telles expériences, devroient être répétées maintes fois ; car leurs variations, à 45^d de latitude, s'étendent à peu près, à la 17e partie, de la longueur de toute la colonne. La nature offre encore, quelques phénomènes de même genre, qu'on ne citera point ; leurs variations les rendroient encore, moins propres que les précédens, à produire une mesure fiducielle.

On pourroit aussi vouloir, que la circonférence d'un méridien terrestre, contint un certain nombre de mesures, dont une seroit prise pour leur module ; mais il est essentiel sur-tout, que cette mesure n'ait rien d'arbitraire ; on ne manque point de ces suppositions, tous les palmes, pieds, coudées, brasses, orgyes, &c, avec leurs multiples & sous multiples en offrent : il ne s'agit pas, d'en augmenter le nombre sans nécessité ; mais plutôt de diminuer, la quantité énorme & très - nuisible des mesures, ou bien de découvrir qu'elle est la mieux fondée, & en même tems celle, dont l'emploi est le plus étendu : telle est la mesure que nous présentons, elle est en usage dans les plus grands états, tels qu'en Perse, en Turquie, en Hongrie, en Russie, en Pologne, &c ; elle paroîtroit par-là indiquer la mesure de tous les pays. On a déblayé les décombres accumulés, par une longue série de siècles, qui déroboient la base inaltérable, de cette mesure, aux regards de toutes les nations.

En effet après la mort de Lysimaque, qui étoit un de ceux, qui se partagèrent l'Empire d'Alexandre, Philétère fonda le Royaume de Pergame : les dénominations, du Pied Philétéréen ou royal, feroient croire qu'il auroit été employé, dans des états formés, du démembrement d'un vaste Empire; qu'en conséquence, il seroit un fruit de l'expédition d'Alexandre; ce Pied, n'auroit qu'un peu plus de 2000 ans de date, s'il n'eût pas dû exister avant ce Prince. Mais d'ailleurs, les Romains tirent leur origine, de la trop célèbre Troie; ils ont dû dans leur émigration, conserver leurs mesures; & les objets qu'ils avoient sauvés des flammes, les leur retraçoient : leur Pied est précisément de 10 pouces du Pied Philétéréen ; cela paroît indiquer, que ce dernier étoit connu à Troie, il y a plus de 3000 ans : quoiqu'il en soit, l'origine de ce Pied antique, on le répète, se perd dans l'obscurité des siècles, il sembleroit par-là, indiquer une mesure, usitée dans tous les tems. Dans la réunion des régions, sur laquelle il est encore en usage, passe le 45.me parallèle : ces vastes régions paroissent renfermer, son pays originaire, qui peut être situé en Sarmatie ou dans la Scythie : cette hauteur de 45d, est un des motifs qui a déterminé à compter, au degré moyen du

Méridien, 312500 Pieds Equatoriaux.

Plus l'usage en est étendu, moins en l'adoptant, il y aura de réductions à faire, & plus ses fondemens devoient être présumés stables. D'ailleurs il est très-probable, que les mesures que l'on pourroit introduire, seroient moins solidement appuyés, que celles que l'on propose ici : de plus on en supprimeroit dans le Royaume, de très-bien fondés ; telles seroient l'aune de Bayonne, la canne de Toulouse, celle de Montauban & la verge de Nozai ; telle seroit la perche légale de France, &c. Le Pied Equatorial a en outre l'avantage, d'être la source pure où l'on puisa, la plûpart des mesures anciennes en longueur ; par exemple, le palme de Possidonius, dans sa seconde mesure de la Terre, a 90 lignes de ce Pied ; le Pied Pythique en a 100 ; le Pied Romain 120 ; le Pied Grec 125 ; la coudée du Nilomètre 225, &c. Il y a beaucoup d'autres mesures, qui dépendent de ce Pied célèbre.

Malgré toutes les raisons qui militent, en faveur du Pied Equatorial, & des mesures qui en dérivent ; des Astronomes pourroient peut-être, vouloir conserver le Pied de Roi, & des officiers des Monnoies, conserver le marc de Paris ; ces deux mesures n'ont néanmoins, aucun fondement réel, & elles ne s'accordent pas entr'elles : la cubature du Pied de Roi, devroit pourtant avoir, une relation étroite & nécessaire, avec le marc, & ces mesures devroient avoir entr'elles

tr'elles, un rapport commode & facile à
saisir.

Le Pied cube de Paris, pese rigoureuse-
ment en eau pure, 69 ℔ 15 onc. 4 gr. & $\frac{1}{6}$;
divisant ce poids par 64, on aura pour quotient, 1 ℔ 1 onc. 3 gr. & $\frac{16}{17}$; telle devroit
être la livre, dépendante du Pied de Roi:
elle est à la livre poids de marc, comme
504 est à 461, ou à fort peu près, comme
35 est à 32. En admettant cette livre, on ne
pourroit pas méconnoître, que le Pied dont
elle dérive, est cause qu'elle pèche par le
principe.

Au lieu du Pied cube, si l'on employoit
une boule d'eau, d'un Pied de diamètre, ce
qui est peu naturel; car bien que la sphère,
soit la moins exposée possible, aux agens
extérieurs, elle est peu propre, à exprimer
la mesure des solides; aussi lui a-t-on de
tous tems préféré le cube, par les meil-
leures raisons: cette boule toutefois auroit
en capacité, 904 pouces cubes & $\frac{7}{9}$, du Pied
de Roi, & peseroit en eau pure, 36 ℔ 10 on.
1 gros & $\frac{18}{37}$, poids de marc, lesquelles étant
divisées par 64, donneroient 9 on. 1 gros &
$\frac{3}{11}$; ce seroit la livre ou le marc, dans cette
supposition; mais cette conclusion est peu
naturelle; si toutefois on en admettoit le
mode, la boule d'eau pure, d'un Pied Equatorial de diamètre, peseroit 48 ℔ 2 on. 2 gros
$\frac{1}{12}$, poids de marc, & en divisant ce poids
par 64, on auroit dans cette hypothèse,
12 on, 0 gros $\frac{13}{44}$, pour le Ponde qui   ré-

sulteroit, lequel se subdiviseroit comme ci-devant. On a trouvé le poids de cette sphère d'eau, en l'inscrivant dans un Pied cube Equatorial, lequel pèse en eau pure, 91 ₤ $\frac{43}{45}$ poids de marc ; ainsi cette boule ou sphère doit péser, $(91 ₤ + \frac{43}{45}) \times \frac{355}{113 \times 6} = 48 ₤ + \frac{17}{115}$.

Si l'on vouloit conserver le marc de France, on a vu qu'il étoit en eau pure, le cube de 2 p. 3 lig. 8 pts. & $\frac{5}{6}$; que ce cube étant converti en boule, avoit de diamètre, 2 p. 10 lig. 4 pts. & $\frac{18}{19}$. Ces quantités étant prises chacune, pour une *paleste* ou palme mineur, de 4 doigts ou de 3 pouces d'un Pied quelconque ; on a vu que le quadruple du côté de ce cube, est de, 9 pouces 2 lignes 11 points & $\frac{1}{3}$, & que le quadruple, du diamètre de la boule est de, 11 pouces 5 lignes 7 pts. & $\frac{15}{19}$: le quadruple du côté du cube, est peu plus grand que le Pied Pythique, lequel est bien fondé, étant les $\frac{25}{36}$, du Pied Equatorial, ou les $\frac{4}{9}$, de la coudée du Nilomètre ; en outre si ces deux derniers Pieds sont, l'un le pendule équinoxial, de 36''', l'autre celui de 45''', le premier ou le Pied Pythique, sera le pendule équinoxial de 30'''. Pour égaler le côté du cube, à une paleste Pythique, il suffira d'ôter au premier, 4 pts. $\frac{1}{4}$. Le marc résultant du Pied Pythique, se trouve ci-devant, de 7 onces 5 gros & $\frac{3}{5} = 4435$ grains, poids de marc ; on ne peut donc rapporter notre marc, à ce Pied naturel & bien fondé, qu'en le diminuant de 173 grains.

Le Pied qui vient du diamètre de la boule, est au Pied Grec, comme 566 est à 563 ; or les cubes des termes de ce rapport, sont entr'eux, comme 5943 est à 5849 ; c'est pourquoi, afin que le marc dépendit du Pied Grec, il faudroit dans cette hypothèse, que ce marc égalât, $\frac{4608 \times 5842}{5943} = 4535$ grains ; conséquemment dans ce cas extraordinaire, il faudroit diminuer le marc Français, de 73 grains.

Pour conserver dans cette réforme, quelques anciennes mesures, il faudroit qu'elles fussent solidement fondées, & qu'on n'eût à craindre, ni disparités, ni chocs avec les autres mesures. Lors de la réformation du Calendrier, par exemple, Grégoire XIII, n'auroit pas dû conserver les mois, tels qu'il les trouvât établis. Trois signes avant & après, le périgée du Soleil ; cet astre paroît se mouvoir plus vîte, parmi les étoiles ; les mois durant ce tems devroient être les plus courts : depuis Octobre jusqu'en Mars, ces six mois auroient 30 jours chacun, dans les années bissextiles, & dans les années communes, Décembre n'en auroit eu que 29 ; les autres mois auroient eu chacun 31 jours.

On m'a dit que M. Carouge, avoit consigné cette vérité dans le Journal des Savans, je ne l'ai point lu ; j'avois vu depuis long-tems, ce défaut du Calendrier : on doit trouver dans le travail de ce savant, plus de perfection, que n'en admet ici une simple indication ; il est possible, que nous n'ayons renouvellé qu'une objection, qu'on a dû faire depuis long-tems. Galilée, en découvrant les propriétés du pendule, a rajeuni une vérité connue des Arabes, (Edouard Bernard, *de Ponder. & Mensur.*), & ils ne s'en disent point les inventeurs; on trouve des indices de cet usage, dans la plus haute antiquité. C'est ainsi que de nos jours, on a mesuré la grandeur de la Terre, que les anciens connoissoient, au moins aussi bien que nous; car si cela n'étoit pas, il faudroit que le hasard, les eût mieux servi sur ce sujet, qu'on ne l'a été, par tous les travaux académiques, géodésiques & astronomiques de ce siècle. C'est ainsi que le Pied Equatorial, qui date de très-loin, vient d'être rétabli avec précision. C'est ainsi enfin qu'on croit nouvelles, nombre de vérités anciennes.

Le Pape Grégoire XIII, auroit dû aussi placer, le commencement de l'année, au solstice d'hiver : alors on auroit vu le phénix, symbole de l'astre du jour, renaître de sa cendre, au renouvellement de chaque année, avec le retour du Soleil, vers l'hémisphère boréal; & l'année ecclésiastique, eût été une année solaire, dont les mois se seroient trouvés, autant bien divisés & disposés, que l'usage civil puisse le désirer. Ce renouvellement de l'année, seroit analogue au jour *composé*, qui commenceroit à minuit; car l'anneau du jour & de la nuit, est une image de l'année; si son com-

mencement avoit lieu, à l'équinoxe du prin-
tems, le jour devroit prendre naissance,
au lever du Soleil, comme chez les Ba-
byloniens, les Juifs, les Persans....... Si
l'année renaissoit au solstice d'Eté, le jour
devroit commencer à midi, comme font les
Astronomes : & si l'année se renouvelloit à
l'équinoxe d'automne, le jour devroit
commencer au coucher du Soleil, comme
en Italie, en Bohème & en quelques autres
pays. L'origine du jour, au lever ou au
coucher du Soleil, n'est pas assez stable,
à cause de la mobilité de l'horison en tous
sens ; le Méridien est moins variable ; mais
la naissance du jour à midi, par les Astronomes, n'est guères naturelle ; c'étoit donc
à minuit, qu'il convenoit d'en placer l'origine, & c'est en effet ce qui se pratique, le
plus généralement.

On a vu les inconvéniens qu'il y auroit,
de vouloir conserver le Pied ou le marc
de Paris ; en les supprimant, tout embarras
disparoîtroit à cet égard ; pourroit-on mieux
faire alors, que de préférer le Ponde & les
autres mesures, qui dépendent du Pied
Equatorial ? Le Pied Pythique est à fort
peu près, celui de Marseille & de Montpellier, les conséquences qu'on en peut
déduire, ne sont pas si naturelles, que
celles qu'on a tiré, du Pied Equatorial entier, qui sont immédiates ; les corollaires
qu'on déduiroit, des Pieds Egyptien, Romain, Olympique, &c, ne seroient pas

primitifs : car ces Pieds sont respective-
ment, les $\frac{25}{32}$, les $\frac{5}{6}$, les $\frac{125}{144}$, du Pied Equatorial.

L'excellente harmonie des mesures, leur
intime liaison, la constante uniformité,
que cette institution importante, répan-
droit entre les mesures du Royaume, seroit
aussi avantageuse qu'elle est desirée ; mais
c'est à l'Assemblée Nationale, à décréter
cette salutaire réforme, à en péser les avantages & les difficultés ; nous disons les difficultés, parceque le bien ne se fait pas sans
peine, & que le bon ordre, ne s'établit pas
sans obstacles. On a indiqué des moyens
propres, à applanir nombre de ces difficultés, & l'on ne pense pas, que les autres
soient insurmontables. D'ailleurs ces mesures, ne sont pas absolument étrangères à la
France ; témoin la queue de Champagne,
le muid de Cornat, de Saint-Peray & celui
de l'Hermitage, qui contiennent chacun,
8 Pieds cubes Equatoriaux, ou à fort peu
près ; témoin la mesure des graines de Verdun, qui est d'un de ces Pieds cubes, &
celle de Besançon qui en est la moitié ;
témoin la perche légale de France, qui est
de 20 Pieds Equatoriaux ; témoin la canne
de Toulouse, celle de Montauban, la verge
de Nozai, qui sont chacune, de 5 de ces Pieds
fondamentaux ; témoin le Pied de Bordeaux
pour l'arpentage, celui du Maine & celui
de Franche-Comté, dont chacun est égal
ou à fort peu près, au Pied Equatorial.

Combien donc cette précieuse mesure, n'a-t-elle pas de droits d'être accueillie, par les restaurateurs de la patrie? C'est sous les auspices, de cette auguste réunion de sages, qu'on la range. On produit avec confiance, une partie intéressante, de ce qu'on a acquis sur ce sujet, dans l'intention de concourir à remédier aux maux, que cause la multiplicité des mesures : si donc l'Assemblée Nationale, après un mûr examen, y donne son assentiment ; ce travail par son utilité prochaine, sera couronné

Du succès le plus flatteur,
Et le plus cher à mon cœur.

FIN.

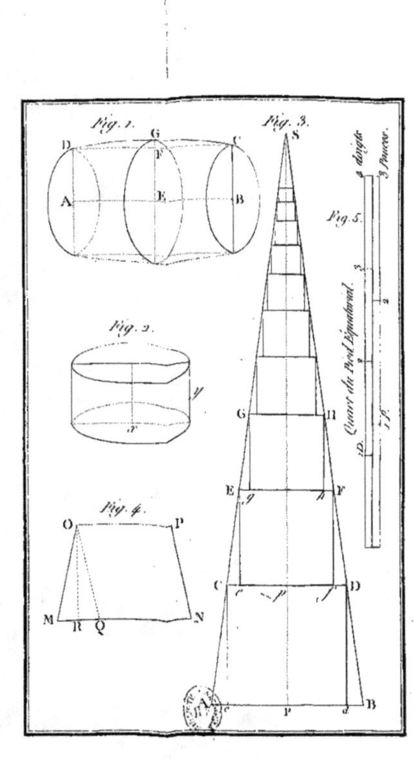

Fig. 1.
Fig. 2.
Fig. 3.
Fig. 4.
Fig. 5.
Ouvert du Pied Équatorial.
2 doigts
3 Pouces.

www.ingramcontent.com/pod-product-compliance
Lightning Source LLC
Chambersburg PA
CBHW061242060726

47596CB00002B/403